秋叶
WPS Office
高效秘籍

秋叶 刘晓阳·编著

人民邮电出版社

北京

图书在版编目（CIP）数据

秋叶WPS Office高效秘籍 / 秋叶，刘晓阳编著. --
北京：人民邮电出版社，2021.9
ISBN 978-7-115-56490-0

Ⅰ. ①秋… Ⅱ. ①秋… ②刘… Ⅲ. ①办公自动化—
应用软件 Ⅳ. ①TP317.1

中国版本图书馆CIP数据核字(2021)第081232号

内 容 提 要

本书通过职场中常见的各类办公文档的制作实例，详细地介绍了 WPS Office 2021
的基础知识和使用方法，并对办公中经常遇到的难题进行了专家级的指导。

全书共 10 章。第 1 章介绍 WPS Office 通用技巧；第 2 章~第 4 章介绍 WPS 文字操
作技巧、WPS 表格操作技巧和 WPS 演示操作技巧；第 5 章~第 10 章介绍 PDF 文件编辑
技巧，善用模板提高效率——找、套、改、拆，巧用 WPS Office 工具解决大问题，让你
工作高效的 WPS Office 特色功能，WPS Office 组件间的协作和云办公。

本书精心编排知识点，帮助读者从建立正确的使用习惯开始，在职场办公中更高效、
更专业。

◆ 编　　著　秋　叶　刘晓阳
　　责任编辑　李永涛
　　责任印制　彭志环

◆ 人民邮电出版社出版发行　　北京市丰台区成寿寺路 11 号
　　邮编　100164　　电子邮件　315@ptpress.com.cn
　　网址　https://www.ptpress.com.cn
　　北京博海升彩色印刷有限公司印刷

◆ 开本：700×1000　1/16
　　印张：14.25　　　　　　　　2021 年 9 月第 1 版
　　字数：303 千字　　　　　　 2021 年 9 月北京第 1 次印刷

定价：69.90 元

读者服务热线：**(010)81055410**　印装质量热线：**(010)81055316**
反盗版热线：**(010)81055315**
广告经营许可证：京东市监广登字 20170147 号

前　言

这本书适合谁看？

本书适用范围较广，职场办公人士及学生都可以使用。

1. 从零开始，系统学习 WPS Office 的读者及有一定基础的读者。

2. 希望通过学习，提高工作效率的办公人员、公务员、学生及教师等。

3. 希望通过学习，提升自己职场能力的管理者。

这本书有什么？

本书内容涵盖 WPS Office 办公的各种组件，以经验、技巧介绍为主。

1. 内容全：涵盖 WPS 文字、WPS 表格、WPS 演示、PDF、流程图、脑图、图片设计、表单、日历及会议等。

2. 有特色：详细介绍 WPS Office 的各种特色功能及办公助手，提高办公效率。

3. 有经验：以实战案例为主，通过案例讲解各种经验，以帮助读者学以致用。

通过这本书您能学到什么？

通过学习本书，您可以轻松学会以下知识和技能。

1. WPS 文字、WPS 表格、WPS 演示、PDF 等各种组件的常用技巧。

2. 借助模板、WPS Office 工具解决工作中的问题。

3. 各组件之间的协作办公技巧。

4. 云办公知识与技能。

这本书的特色是什么？

由浅入深，易于上手：无论读者是否使用过 WPS Office，都能从本书中找到最佳的起点。本书入门级的讲解，可以帮助读者快速地脱离"新手"行列。

实例为主，图文并茂：每章包含多个小案例，在讲解案例时，均以实际应用为出发点，每个操作步骤均配有对应的插图以加深理解。这种图文并茂的方式，能够让您在学习过程中直观、清晰地看到操作过程和效果，便于深刻理解和掌握相关知识。

　　高手指导，简洁实用：本书在很多案例的最后以"案例总结"的形式介绍案例操作中的关键点或注意事项，避免您走弯路。

　　精心排版，实用至上：彩色印刷既美观大方，又突出了重点、难点。精心编排的内容能够帮助您深入理解所学知识，实现触类旁通。

　　单双栏混排，超大容量：本书采用单双栏混排的形式，大大扩充了信息容量，能在有限的篇幅中为您奉送更多的知识和实战案例。

● 除了书，您还能得到什么？

　　除了与本书内容同步的教学视频外，您还可以关注"秋叶"微信公众号，联系客服获取本书的素材结果文件，以及 2000 个文档模板、1800 个表格模板、1500 个演示模板等内容。

● 遇到问题怎么办？

　　本书由秋叶和龙马高新教育联合打造，在编写本书的过程中，北京金山办公软件股份有限公司给予我们大量的支持，此外，羊依军老师参与了本书部分案例的设计，在此，表示衷心的感谢。

　　我们尽心处理好每一个细节，但难免有疏漏和不妥之处，恳请广大读者批评指正。

　　联系邮箱：liyongtao@ptpress.com.cn。

编者

2021 年 3 月

目录

第 1 章　WPS Office 通用技巧

第 2 章　WPS 文字操作技巧

第 3 章　WPS 表格操作技巧

第 4 章　WPS 演示操作技巧

第 5 章　PDF 文件编辑技巧

第 6 章 善用模板：找、套、改、拆

第 7 章 巧用 WPS Office 工具解决大问题

第 8 章　让你工作高效的 WPS Office 特色功能

第9章 WPS Office 组件间的协作

第10章 悦享协作，轻松云办公

同事同时打开多个文档窗口，不知道按了什么键，切换好快。

突然出现意外，没保存文档。

文档打不开了，辛苦一晚上的成果就这么没了。

……

很多方法能提高办公效率，很多问题都可以解决，但需要掌握 WPS Office 的通用技巧。

第1章

WPS Office 通用技巧

- 撤销次数到了，还没撤回到想要的位置，怎么办？

- 如何快速调用频繁使用的命令？

- 文档无法打开，怎么办？

- 同事发的文档，在自己计算机上打开后，字体效果不一样，怎么处理？

1.1 在多个文档窗口间快速切换

WPS Office 支持同时打开多个文档进行操作，如果要在不同文档间快速切换，可以按【Ctrl+Tab】组合键。

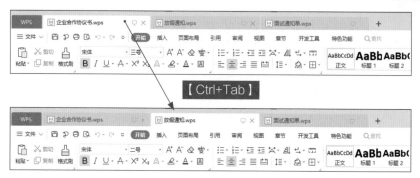

1.2 清空历史文档使用记录

启动 WPS Office 之后，在【最近】选项下会按照日期显示今天、7 天内、本月更早，甚至前几个月使用的各类文档，如果不希望他人看到自己的全部或某个文档使用记录，可以将记录清除。

1. 清除单个文档使用记录

清除单个文档使用记录的具体操作步骤如下。

步骤1 在【最近】选项下，选择要删除的记录并单击鼠标右键，在弹出的快捷菜单中选择【移除记录】命令，如下图所示。

步骤2 弹出【移除记录】对话框，单击【删除】按钮，如下图所示。所选的单个记录即可被清除。

提示

如果要同时删除该文件，可以选中【同时删除文件】复选框，再单击【删除】按钮。

2.清除整组记录

WPS Office 会根据日期分组显示使用记录，可以根据需要删除某个分组内的所有记录，具体操作步骤如下。

步骤 1 单击某个分组后的【删除】按钮 ⊠，如下图所示。

步骤 2 自动选择该组内的所有记录，并弹出【移除记录】对话框，单击【删除】按钮，如下图所示。所选组的所有记录即可被清除。

提示

如果要删除全部记录，可以使用删除分组的方法，逐个删除所有分组。

3.清除某一组件的记录

如果仅清除 WPS 文字、WPS 表格或 WPS 演示的记录，可以先新建 WPS 文字、WPS 表格或 WPS 演示文件，再执行删除操作。如果要删除 WPS 文字相关的所有记录，具体操作步骤如下。

步骤 1 新建空白 WPS 文字文档，单击【文件】右侧的下拉按钮，选择【文件】→【更多历史记录】选项，如下图所示。

步骤 2 弹出【最近文档管理】对话框，选中【序号】前的复选框，即可选中所有文档，单击【清楚记录】按钮，即可清空所有 WPS 文字的使用记录。

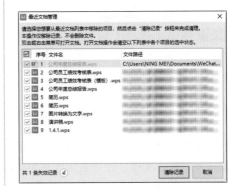

1.3 修改可取消操作数

修改文档后，如果要回到前面的某个状态，可以使用撤销功能，但 WPS Office 默认的撤销操作次数较低，超出这个数量就没有办法撤销了，可将撤销操作次数设置为最大，具体操作步骤如下。

提示

不同组件的设置方法相同，本节以 WPS 文字为例介绍。

步骤 1 选择【文件】→【选项】选项，如下图所示。

步骤 2 弹出【选项】对话框，在【编

辑】→【编辑选项】选项下设置【撤销/恢复操作步数】为"1024"次，单击【确定】按钮即可，如下图所示。

提示

撤销/恢复操作步数的区间为"30~1024"。

1.4 修改文档自动备份时间

编辑文档时，遇到突发状况，如突然停电或计算机卡死等，如果没有及时保存文档，会导致工作成果丢失。可以预先修改文档自动保存时间，让软件自动保存文件。以 WPS 表格为例，修改文档自动备份时间为"1"分钟的具体操作步骤如下。

步骤 1 选择【文件】→【备份与恢复】→【备份中心】选项，如下页图所示。

步骤 2 弹出【备份中心】对话框,单击【设置】按钮,在右侧选择【定时备份】单选项,设置时间间隔为"1"分钟,如下图所示。

1.5 加密文档

　　制作好的文档,如果只希望拥有密码的人能打开或编辑文档,可以为文档加密。加密文档时包含两种密码,一种是只有打开查看的权限,另一种是可以编辑文档。下面以 WPS 演示为例介绍,具体操作步骤如下。

步骤 1 选择【文件】→【文档加密】→【密码加密】选项,如下图所示。

步骤 2 弹出【密码加密】对话框,在【打开权限】下分别设置【打开文件密码】【再次输入密码】【密码提示】,使用该密码,仅可以打开并查看文档。在【编辑权限】下设置【修改文件密码】【再次输入密码】,使用该密码,可以编辑文档,设置完成,单击【应用】按钮,如下图所示。

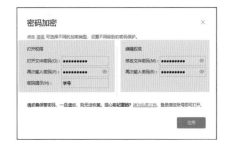

步骤3 保存文档后，再次打开文档时，会弹出【文档已加密】对话框，先输入打开权限密码，单击【确定】按钮。

步骤4 再次弹出【文档已加密】对话框，

如果要编辑文档，则输入设置的编辑权限密码，单击【解锁编辑】按钮。如果只有查看权限，则直接单击【只读打开】按钮。

 1.6 将命令添加到快捷访问栏

经常使用的功能，可以添加至快速访问工具栏中，方便调用命令。不仅可以将快速访问列表中的命令添加至快速访问工具栏，还可以将 WPS Office 中的其他命令添加至快速访问工具栏。

1. 添加快速访问工具栏列表中的命令

默认情况下，快速访问工具栏中没有【新建】【打开】等命令，但这些命令显示在快速访问列表中，显示这类命令的具体操作步骤如下。

步骤1 单击快速访问工具栏右侧的【自定义快速访问工具栏】按钮，在弹出的下拉列表中选择【新建】命令，如下图所示。

步骤2 在快速访问工具栏中会显示【新建】按钮，如下图所示。

提示

重复 步骤1 的操作，即可在快速访问工具栏中取消【新建】按钮。

2. 添加 WPS Office 中的其他命令

除了 WPS Office 快速访问列表中

的按钮外，还可以将 WPS Office 的其他按钮添加至快速访问工具栏，下面以添加【加粗】按钮为例介绍，具体操作步骤如下。

步骤 1 单击快速访问工具栏右侧的【自定义快速访问工具栏】按钮，在弹出的下拉列表中选择【其他命令】选项，如下图所示。

步骤 2 打开【选项】对话框，选择【快速访问工具栏】选项，在【可以选择的选项】列表框中单击【加粗】按钮，单击【添加】按钮，【加粗】按钮即可显示在右侧的【当前显示的选项】列表框中，单击右侧的【上移】【下移】按钮可调整按钮的位置。设置完成，单击【确

定】按钮，即可在快速访问工具栏中显示【加粗】按钮，如下图所示。

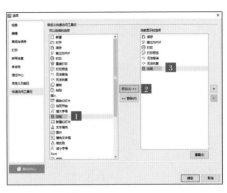

提示

在快速访问工具栏的【加粗】按钮上单击鼠标右键，在弹出的快捷菜单中选择【从快速访问工具栏删除】选项，即可删除该按钮。

1.7　查看文档的创作信息

文档本身包含非常多的信息，如作者姓名、创建时间、修改时间等，查看文档信息可以帮助其他用户了解文档，以 WPS 表格为例，查看文档信息的操作如下。

步骤 1 选择【文件】→【文档加密】→【属性】选项，如下页图所示。

步骤2 打开【属性】对话框，在【常规】和【摘要】选项卡下即可查看文档的创作信息。

 # 1.8 修复文档

　　由于内存或磁盘读写错误、保存时断电、从 U 盘复制或下载时中断等原因，会造成文档无法打开的情况，这时可以通过 WPS Office 的修复文档功能修复文件，具体操作步骤如下。

步骤1 选择【文件】→【备份与恢复】→【文档修复】选项，如下页图所示。

步骤 3 解析完成，在弹出的对话框中单击【确定】按钮，之后即可单击左边的文件，并预览右侧的内容，如果要恢复文件，只需选择要恢复的文件，单击【确认修复】按钮即可，如下图所示。

步骤 2 打开【文档修复】对话框，将需要修复的文档拖曳至右侧"+"区域，即可开始解析文档，如下图及右上图所示。

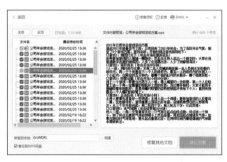

 1.9　识别陌生字体

　　看到好的字体，但是不知道字体名称，可以通过"求字体网"识别陌生的字体，具体操作步骤如下。

步骤 1 打开"求字体网"网页，上传包含文字的图片或将复制后的图片粘贴至文本框区域。

步骤2 选择下方识别出的最有特点的单字，单击【开始搜索】按钮。

步骤3 在打开的页面中即可筛选出可能的字体名称，单击右侧的【下载】按钮即可下载字体。

1.10 下载、安装特殊字体

　　在制作文档或演示文稿时，为了使页面效果更加出众，通常会选用一些特殊的字体，如果计算机中没有这些字体，就需要下载并安装特殊字体。

1. 下载字体

可以通过"求字体网"下载字体，具体操作步骤如下。

步骤1 打开"求字体网"，在搜索框中输入要下载的字体名称，这里输入"思源黑体"，单击【搜字体】按钮，如下图所示。

步骤2 在搜索结果中选择要下载的字体，单击【下载】按钮。

步骤3 进入下载页面，单击【普通线路下载】按钮，之后选择保存位置即可完成下载。

2. 安装字体

安装字体有两种方法，如果需要安装的字体少，可选择方法一；如果要安装大量字体，可选择方法二。

方法一：选择要安装的字体并单击鼠标右键，在弹出的快捷菜单中选择【安装】选项。

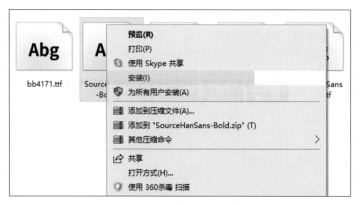

方法二：打开"C:\Windows\Fonts"文件夹，该文件夹用于存放计算机中已安装的所有字体，然后复制要安装的所有字体，在"Fonts"文件夹中执行粘贴命令。

同样的工作任务，同事总会快你一步完成。

一个看似简单的文档调整，来来回回设置好几次都搞不定。

……

并不是因为你没努力工作，也不是因为你没学会 WPS Office 操作，而是因为你没有掌握 WPS Office 的高效实战技巧。

第 2 章

WPS 文字操作技巧

- 在 WPS 文档中怎样自动为表格添加编号？

- 怎样搞定公式排版？

- 想把 WPS 文档中的图片全部保存，怎么办？

- 怎样将多个 WPS 文档合并到一个文档中？

2.1 让你事半功倍的"查找与替换"操作

在长文档中，可以使用【查找与替换】功能实现查找并批量替换文本的操作。灵活使用查找与替换功能，可以大大提高文档的编辑修改效率。

📋 2.1.1 查找与替换内容

在长文档中想找到某个字、词、句子或段落，如果单靠眼睛一个一个去搜寻效率很低，如果利用查找功能可以轻松找到想要的内容。

选择【开始】→【查找替换】→【查找】命令或按【Ctrl+F】组合键，都可以打开【查找和替换】对话框，然后在【查找内容】中输入想要查询的内容，单击【查找下一处】按钮即可。

此外，在【查找和替换】对话框的【突出显示查找内容】下拉列表中单击【突出全部显示】按钮，即可将查找内容以高亮形式显示，默认为灰色底纹，若想以其他底纹颜色显示，可先设置字体底纹颜色，然后再进行后续的查找与突出显示。

📋 2.1.2 替换内容

在文档编辑中，可能需要对某个字、词、句，甚至是某种格式进行多处相同修改，如果手工修改，不仅低效而且易错，使用替换功能可快速批量地进行全文档修改替换。

在【查找和替换】对话框中单击【替换】选项卡，或直接按【Ctrl+H】组合键。在【查找内容】中输入需要替换的内容，然后在【替换为】中输入需要替换为的内容，最后单击【替换】按钮，就可以按顺序一个一个地替换内容，如果单击【全部替换】按钮，可以一次性替换文档中所有符合替换条件的内容。

2.1.3 批量替换格式

如果需要对文档中的字体或段落格式进行修改和处理，也可以使用【替换】功能来完成。

（1）输入要查找的内容，单击【格式】下拉按钮，选择要查找的格式。

（2）输入要替换为的内容，并设置替换为的格式。

（3）单击【全部替换】按钮。

2.1.4 使用通配符进行查找与替换

用户在 WPS Office 中查找与替换某项内容有两种情形。

（1）精确查找与替换：用户根据某个精确的内容来进行查找与替换，如精确查找 home，则只会查找 home，不会查找其他不符的内容。

（2）模糊查找与替换：用户根据某个模糊的条件查找某内容，如模糊查找 h*e，会找到 home、he 及 have 等单词。

文档编辑中如果遇到一些特殊内容的查找与替换，可以使用通配符高效地完成，通配符是指用特定的符号代替一个或多个真正的字符，在 WPS Office 中常见的通配符如下。

查找目标	通配符	示例
任意单个字符	?	如申?表，可查找"申请表""申报表"等
任意字符串	*	如管*局，可查找"管理局""管理者当局"等
单词的开头	<	如 <(com)，可查找"come""command"等，但不能查找出"recomfort"
单词的结尾	>	如 (er)>，可查找"water""worker"等，但不能查找出"cautery"
指定字符之一	[ ]	如 co[mn]e，可查找"come""cone"
指定范围内任意单个字符	[x-z]	如 [1-9]，可查找 1、2、3、4、5、6、7、8、9。必须用升序来表示该范围
中括号内指定字符范围以外的任意单个字符	[!x-z]	如 [!5-9]，可查找 0、1、2、3、4 等，但不查找 5、6、7、8、9
n 个重复的前一字符或表达式	{n}	如 com{2}，可查找"command""commonable"等
至少 n 个前一字符或表达式	{n,}	如 com{1,}，可查找"come""command"等
n 到 m 前一字符或表达式	{n,m}	如 10{1,3}，可查找"10""100""1000"等
一个以上的前一字符或表达式	@	如 lo@t，可查找"lot""loot"等

提示

使用通配符查找替换时，必须选中【使用通配符】复选框，如果看不到【使用通配符】复选框，可单击【高级搜索】按钮展开更多隐藏的命令。

下面举例说明通配符在文档编辑中的应用，在一些抽奖活动中，手机号中间都会被星号（*）取代，主要目的是保护用户的隐私。在 WPS Office 中使用替换功能可轻松快速完成。具体步骤如下。

步骤1 选中要替换的手机号，打开【查找和替换】对话框。

步骤2 在【替换】选项卡的【查找内容】中输入 ([0-9]{3})[0-9]{4}([0-9]{4})，【替换为】中输入 \1****\2，选中【使用通配符】复选框（可单击【高级搜索】按钮，展开更多隐藏的命令）。

提示

　　【查找内容】中多了两个括号 () ()，表示将数据分组，如果不加括号的话，WPS Office 会认为这是一组命令内容，加上两个括号就将其看作两组内容，它对应【替换为】中的 \1 和 \2。【替换为】中的 "\1" 表示【查找内容】中的第一组括号 () 中的内容。【替换为】中的 "\2" 表示【查找内容】中第二组括号 () 中的内容。而 "\" 是转义字符，表示后面的 1 或 2 是组的序号。

步骤3 单击【全部替换】按钮，即可将手机号码中的 4 位数字用星号表示。

提示

　　替换原理如下。

　　【查找内容】中输入 ([0-9]{3})[0-9]{4}([0-9]{4})，表示提取前 3 个字符，中间 4 个字符，末尾 4 个字符。

　　【替换为】中输入 \1****\2，其中 "\1" 表示提取第一个分组 ([0-9]{3}) 的前 3 个字符，中间 4 个字符用星号代替，而 "\2" 表示提取第二个分组 ([0-9]{4}) 的 4 个字符。

2.2 全面搞定公式排版

　　使用 WPS Office 编写试卷时，经常需要录入一些复杂的数学公式。但这些公式并不像文字，常规录入比较烦琐。使用 WPS Office 中的公式编辑器不但可以编辑各种公式，同时还可以调整公式的样式和外观，使用户编辑的公式更加规范。

2.2.1 在公式编辑器中创建公式

在 WPS Office 中单击【插入】→【公式】→【公式】按钮，即可弹出公式编辑器。公式编辑器从上至下依次是菜单栏、符号选项栏、公式编辑栏。在公式编辑器中，公式的内容是分布在一个个虚线框的公式占位符中的，用户可以手动输入数字字符，然后在符号选项栏中选择特殊的符号来组合公式。

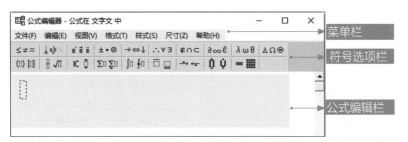

下面以公式 $x = \dfrac{-b \pm \sqrt{b^2 - 4ac}}{2a}$ 为例，介绍在 WPS Office 公式编辑器输入公式的具体操作步骤。

步骤 1 输入 "$x=$"，在符号选项栏中，选择分子分母形式的数学公式。

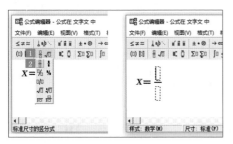

步骤 2 在分子中，输入 "$-b$"，然后在符号选项栏中插入 "$\pm$" 运算符。

步骤 3 继续插入根号符号，然后输入字母 "b"，再插入右上标符号。

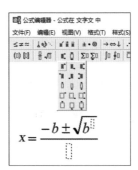

步骤 4 完成其他公式部分的输入，完成公式编辑后，单击【公式编辑器】右上角的【关闭】按钮，即可以将公式置于文档中。

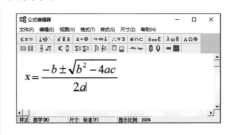

2.2.2 自定义公式样式

使用公式编辑器编辑完公式后,用户可以在【样式】菜单下设置公式的字体和样式。WPS Office 默认提供了数学、文字、函数、变量、希腊字母、矩阵向量 6 种基本内置样式,其中数字为默认样式。

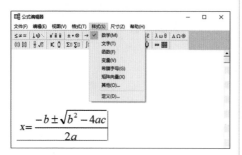

如果需要自定义公式样式,可选择【样式】→【定义 ...】命令,在打开的【样式】对话框中可改变内置样式的字体样式和字符格式(粗细和倾斜)。

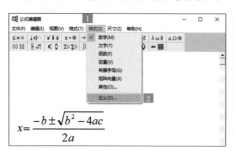

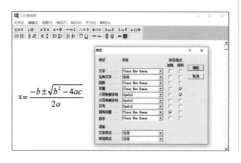

2.2.3 自定义公式尺寸

在公式编辑器中,对于公式中的上下标、符号的大小等都是采用 WPS Office 默认的值,用户如果想改变特殊符号的大小,可以设置公式的尺寸。

公式编辑器中的尺寸指令可对公式的格式及大小进行调整,其使用方法和上述的样式指令基本相同,WPS Office 内置有标准、下标、次下标、符号及次符号等尺寸。

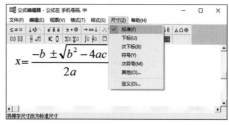

用户如果想自定义公式的尺寸,可以选择【定义 ...】命令,然后在【尺寸】对话框中设置特定的公式符号的大小。

2.3 文字录入及格式设置技巧

在录入文字及设置字体样式时，经常会需要一些特殊的设置，有些虽然不常用，但在某些情况下，能大大提高工作效率。

2.3.1 添加拼音

遇到生僻字，或者在制作一些儿童读物相关的文档时，需要为文字添加拼音，可以通过【拼音指南】功能为文字添加拼音。

步骤 1 选择要添加拼音的文字，单击【开始】→【拼音指南】按钮，如下图所示。

步骤 2 弹出【拼音指南】对话框，在其中可以设置拼音的对齐方式、偏移量、字体及字号等，在【预览】区域可以看到效果的预览，单击【确定】按钮，完成拼音的添加。

2.3.2 插入打钩的复选框

在 WPS 文字中制作表单时，如果需要添加选中时会打钩的复选框，可以直接使用【符号】功能插入，具体操作步骤如下。

步骤 1 选中要插入复选框的位置，单击【插入】→【符号】按钮，在弹出下拉列表的【自定义符号】区域选择复选框符号，如下图所示。

步骤 2 插入符号后，单击该符号，即可打钩，再次单击，则会取消打钩，效果如下图所示。

2.3.3 清除文本下的波浪线

在编辑文档时，有时会发现文本或英文单词下方显示有蓝色的双划线或红色的波浪线，这是由于 WPS Office 检查出此处有语法或文字错误造成的，如果要取消双划线或波浪线的显示，可以让 WPS Office 软件不检查或标记错误，具体操作步骤如下。

步骤1 选择【文件】→【选项】选项，如下图所示。

步骤2 打开【选项】对话框，在左侧选择【拼写检查】选项，在右侧取消选中【输入时拼写检查】和【打开中文拼写检查】复选框，单击【确定】按钮即可，如下图所示。

2.3.4 为文本添加删除线

如果需要修改文档中的内容，可以先给原内容添加删除线，然后再修改内容，此外，在日程管理中，完成一项任务后，也可以用删除线标注。具体操作步骤如下。

步骤1 选择要添加删除线的文本，单击【文件】→【删除线】按钮，如下图所示。

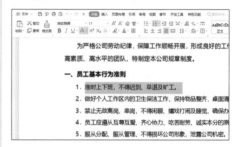

步骤2 为选择的文本添加删除线后的效果如下图所示。

2.3.5 输入上标和下标

在输入单位或化学公式时，经常会遇到平方米（m^2）、立方米（m^3）等带有上标的单位名称及 H_2O 和 CO_2 等带有下标的化学公式。输入上下标的具体操作步骤如下。

步骤1 选择要设置为上标的文本，单击【文件】→【上标】按钮，完成设置上标的操作，如下图所示。

步骤 2 选择要设置为下标的文本，单击【文件】→【下标】按钮，完成设置下标的操作，如下图所示。

2.3.6 翻译英文文本

在包含英文的文档中，遇到不理解的英文句子，可以借助 WPS Office 的翻译功能，将英文翻译为中文，具体操作步骤如下。

步骤 1 选择要翻译为中文的英文语句，单击【审阅】→【翻译】→【短句翻译】按钮，如下图所示。

步骤 2 打开【翻译】窗格，在下方即可显示翻译后的中文，如下图所示。

提示

WPS Office 的翻译功能还支持日语、法语、德语、韩语及西班牙语等多种语言的翻译功能，如下页上图所示。在【翻译】窗格分别设置要翻译的源语言和目标语言，并在要翻译的文本框中输入源语言，单击【开始翻译】按钮即可显示翻译结果，如将中文"早上好"翻译为法语"早上好"的效果如下页下图所示。

2.3.7 修改英文的大小写及全/半角

在输入英文内容后，如 果大小写不满足要求，可通过 WPS Office 的【更改大小写】功能快速切换英文的大小写。具体操作步骤如下。

步骤 1 选择要调整大小写的文字，单击【开始】→【更改大小写】按钮，如下图所示。

步骤 2 弹出【更改大小写】对话框，可以看到包含有句首字母大写、小写、大写、切换大小写及词首字母大写的选项，如果要设置词首字母大写，则选中【词首字母大写】单选按钮，单击【确定】按钮，即可将所有单词的词首字母设置为大写，效果如下图所示。

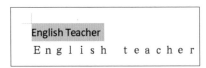

从网上或其他位置复制的内容，有时会出现英文单词间距较大的情况，这是由于此时的单词处于全角状态，将其更改为半角状态即可。具体操作步骤如下。

步骤 1 选择要调整为半角状态的英文单词，单击【开始】→【更改大小写】按钮，如下图所示。

步骤 2 弹出【更改大小写】对话框，选中【半角】单选按钮，单击【确定】按钮，即可将单词更改为半角状态，效果如下页图所示。

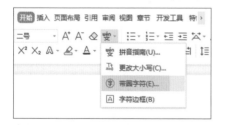

2.3.8 输入带圈文字

处理文档时，有时为了突出某个文字，可以为其添加圆圈或正方形的框，具体操作步骤如下。

步骤 1 单击【开始】→【带圈字符】按钮，如下图所示。

步骤 2 弹出【带圈字符】对话框，在【样式】区域选择一种样式，在【文字】文本框中输入要设置的文字，在【圈号】列表框中选择圈号的类型，设置完成，单击【确定】按钮，效果如右上图所示。

2.3.9 将数字转换为大写格式

财务类文档，经常会用到大写的数字，可以使用 WPS Office 的【编号】功能，将数字转换为大写格式，具体操作步骤如下。

步骤 1 选择要转换为大写的数字，单击【插入】→【编号】按钮，如下图所示。

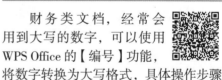

步骤 2 弹出【插入编号】对话框，在【数字类型】列表框中选择"壹,贰,叁…"类型，单击【确定】按钮，即可将数字

转换为大写格式，效果如下图所示。

 2.3.10 强大的【F4】键

【F4】键的核心功能是重复上一步操作，编辑文档时，如果需要重复使用同一个操作，就可以借助【F4】键。下面分别介绍几种比较常见的使用【F4】键的情形。

1. 代替粘贴功能，重复输入

在文档中输入或粘贴一段文字后，想要在其他部分重复输入，按【F4】键即可，多次按【F4】键可多次重复。

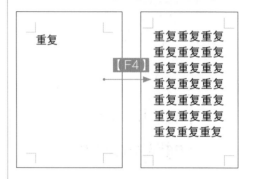

2. 代替格式刷，快速应用上一步格式设置

如果要对某些特殊文字或段落设置某一样式，可先选中一段文字并设置样式，如将字体颜色更改为"红色"，然后选择另一段文本，直接按【F4】键，即可将第 2 次选择的文字变为红色。

W　2.4　段落设置技巧

段落设置是 WPS 文字中频繁使用的操作，掌握一些特殊的段落设置技巧，可以达到提升工作效率的效果。

 2.4.1 将两行文本合并成一行

某一项活动是有两个单位联合承办的，在制作文档时，通常会将两个单位并列排放，可通过 WPS Office 的【双行合一】功能实现。具体操作步骤如下。

步骤 1 选择要双行合一的文字，在文字之前要使用一个空格分开。单击【开始】→【双行合一】按钮，如下图所示。

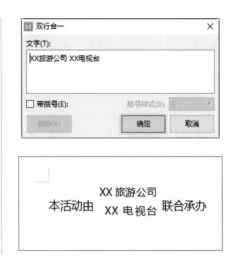

步骤 2 弹出【双行合一】对话框，单击【确定】按钮，之后根据需要调整文字的大小，最终效果如右图所示。

2.4.2 显示 / 隐藏编辑符号

有时会在文档中看到一些奇奇怪怪的符号，输入的空格也会显示为黑点，这是 WPS Office 提供的编辑符号，在插入分隔符或分页符后也会显示，可以通过设置隐藏 / 显示这些编辑符号。

单击【开始】→【显示 / 隐藏段落标记】选项，在选项前带有"√"符号时，则会显示编辑符号，再次单击【开始】→【显示 / 隐藏段落标记】选项，则会取消"√"符号，此时，就可以隐藏段落标记。

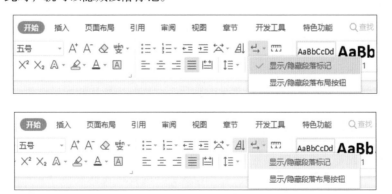

2.4.3 英文单词自动换行

文档中包含英文时，会出现一行后有部分空白的情况，这是因为在默认情况下，一个英文单词是不会显示在两行中的，如果后面的空白区域不能完整显示出当前的单词，就会自动显示在下一行，此时可以设置允许单词在中间换行。具体操作步骤如下。

步骤1 单击【开始】→【段落】按钮，如下图所示。

步骤2 弹出【段落】对话框，选择【换行和分页】选项卡，在【换行】区域选中【允许西文在单词中间换行】复选框，单击【确定】按钮即可，如右图所示。

2.4.4 快速调整段落顺序

选择某个段落后，按【Shift+Alt+ ↑ 】或【Shift+Alt+ ↓ 】组合键能快速将该段落向上或向下移动一个段落，此外，也可以按【Shift+Alt+ ↑ 】或【Shift+Alt+ ↓ 】组合键调整表格中的行序，在大纲视图下，可提升或降低段落级别。

2.5 图文混排、表格技巧

图片和表格是文档中常用的元素，在编辑图片和处理表格时，也会遇到各种各样的问题，下面就来介绍几种常见的技巧，帮你解决图片和表格排版的难题。

2.5.1 修改粘贴插入图片的默认方式

默认情况下，在 WPS 文字中插入图片的类型是"嵌入型"，嵌入型的图片好比一个字符，想要自由移动位置，还需要将其更改为"浮于文字上方"，如果需要插入并调整大量的图片，则会花费很长时间，因此，可以先设置插入粘贴图片的类型。具体操作步骤如下。

步骤1 选择【文件】→【选项】选项，如下页图所示。

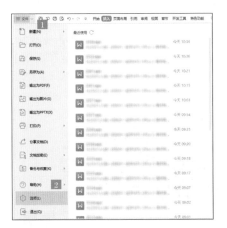

步骤 2 弹出【选项】对话框，在左侧选择【编辑】选项，在右侧【剪切和粘贴】选项区域单击【将图片插入 / 粘贴为】右侧的下拉按钮，选择【浮于文字上方】选项，单击【确定】按钮即可，如下图所示。

2.5.2 让图片显示完整

有的时候，在 WPS 文字中插入图片后，会发现图片只显示一部分，这是因为把图片所在段落的行间距设置成了固定值，只需将其更改为"单倍行距"即可，具体操作步骤如下。

步骤 1 将鼠标光标放在需要调整图片所在的段落，打开【段落】对话框。

步骤 2 更改【行距】为"单倍行距"，单击【确定】按钮，效果如下图所示。

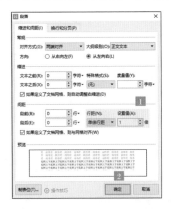

2.5.3 居中对齐图片与文字

排版时，经常会使用一些图片或图标来美化文档，但是插入图片后，图片与文字是底部对齐的，不管怎么调，都没有办法让两者看起来更协调。怎么办？可将图片与文字居中对齐，具体操作步骤如下。

步骤1 选中要调整的段落并单击鼠标右键，在弹出的快捷菜单中选择【段落】命令。

步骤2 弹出【段落】对话框，选择【换行和分页】→【文本对齐方式】→【居中对齐】选项，即可以将文字与图片居中对齐，这样看起来会更协调。

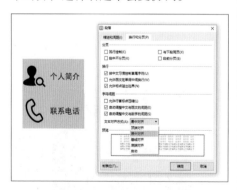

2.5.4 将图片固定在某一位置

文档中插入的图片，位置会随着前面文字的增加或减少发生变化，如果希望图

片的位置不变，可以将图片固定。调整图片位置后，选择图片，单击【布局选项】按钮，在下方选中【固定在页面上】单选按钮，即可将图片固定。

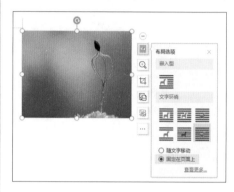

2.5.5 平均分布表格的行/列

创建表格后，表格的行和列会出现行高和列宽不一致的情况，如果需要表格的行高和列宽统一，可以平均分布表格的行/列，具体操作步骤如下。

步骤1 选择整张表格，选择【表格工具】→【自动调整】→【平均分布各行】选项，即可将所有行平均分布，效果如下图及下页图所示。

序号	姓名	销量	销售额
1			
2			
3			
4			
5			
6			
7			
8			
9			
10			
11			
12			
13			

步骤2 选择整张表格，选择【表格工具】→【自动调整】→【平均分布各列】选项，即可将所有列平均分布，效果如下图所示。

序号	姓名	销量	销售额
1			
2			
3			
4			
5			
6			
7			
8			
9			
10			
11			
12			
13			

2.5.6 在表格内自动编号

如果需要在 WPS 文档的表格中输入序号，WPS 文档没有填充数据的功能，通常都是一行行输入，中间删除或增加一行后，后方的序号就只能重新输入，怎么办？

其实很简单，使用 WPS Office 的编号功能，只需几步就能完成序号的输入，之后随便删除或增加行，编号会自动更改。

步骤1 选择要输入序号的行，选择【开始】→【编号】→【自定义编号】选项。

步骤2 打开【项目符号和编号】对话框，选择一种需要的编号类型，单击【自定义】按钮。

步骤3 打开【自定义编号列表】对话框，在【编号格式】文本框中将编号后的"."

删除，单击【确定】按钮，即可完成在表格中快速插入序号的操作，效果如下图所示。

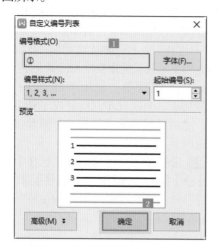

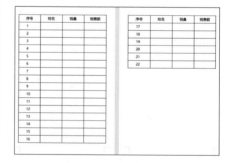

中，单击【表格工具】→【标题行重复】按钮，如下图所示。

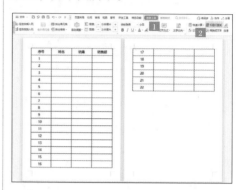

步骤2 下一页的表格上方会自动添加标题行，此时，如果在上一页新增或删除行，下一页的第一行会始终显示表头，如下图所示。

2.5.8 快速拆分表格

如果要把一个表格分为两个表格，除了重新插入一个表格外，还可以通过【拆分表格】功能完成表格拆分，具体操作步骤如下。

步骤1 将鼠标光标放在要拆分的行的任意单元格中，这里放在序号"4"所在的行，单击【表格工具】→【拆分表格】→【按行拆分】按钮，拆分表格后的效果如下页图所示。

2.5.7 为表格设置重复标题行

　　WPS 文字中的长表格会自动显示在下一页，通常情况下，下一页的表格不会显示表头，为了使表格更规范，可以设置重复标题行。具体操作步骤如下。

步骤1 将鼠标光标放在表头任意单元格

线表头样式，方便用户操作，绘制斜线表头的具体操作步骤如下。

步骤 1 将鼠标光标放在要添加斜线表头的单元格中，单击【表格样式】→【绘制斜线表头】按钮，如下图所示。

步骤 2 如果要按列拆分表格，可以选择【按列拆分】选项，将表格前两列和后两列拆分后的效果如下图所示。

步骤 2 弹出【斜线单元格类型】对话框，可以看到包含多种斜线表头的样式，选择要添加的样式，单击【确定】按钮，即可完成斜线表头的绘制，补充"序号"后的效果如下图所示。

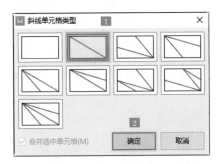

提示

如果要快速按行拆分，还可以按【Shift+Ctrl+Enter】组合键。

2.5.9 绘制斜线表头

WPS 文字提供了绘制斜线表头的功能，包含多种斜

📋 2.5.10 防止单元格被图片撑大

　　使用表格排版包含图片的文档时，如果插入的图片过大，单元格就会被撑大，导致表格变形，防止单元格被图片撑大的具体操作步骤如下。

步骤1 选中表格并单击鼠标右键，在弹出的快捷菜单中选择【表格属性】命令，如下图所示。

步骤2 弹出【表格属性】对话框，单击右下角的【选项】按钮，如右上图所示。

步骤3 弹出【表格选项】对话框，撤销选中【自动调整尺寸以适应内容】复选框，单击【确定】按钮，如下图所示。

W 2.6 批量处理更省力

　　修改文档时某些内容反复地使用同一个命令操作，这些重复操作如果能批量处理，则可以节省用户很多编辑文档的时间。

📋 2.6.1 批量修改图片大小

　　如果要同时将多张图片调整为相同的大小，可以同时选中多张图片，再进行批量修改。具体操作步骤如下。

步骤1 单击【文件】→【选项】按钮，在【选项】对话框中单击【编辑】→【剪切和粘贴选项】→【将图片插入/粘贴为】下拉菜单，选择【浮于文字上方】选项。

> **提示**
>
> 只有将图片设置为"浮于文字上方"，才能同时选择多张图片。

步骤 2 单击【插入】→【图片】→【本地图片】按钮，在弹出的窗口中选择要插入的多张图片，插入图片后适当调整图片位置，效果如下图所示。

步骤 3 按住【Ctrl】键，同时选中多张图片，打开【设置对象格式】对话框，取消选择【锁定纵横比】复选框，再调整图片的高宽和宽度，也可以直接拖曳图片的控制点来调整。调整后的效果如右下图所示。

2.6.2 批量将文本转成表格

在文档编辑中，如果需要将表格中的内容转换成文字，可以复制表格，在粘贴时选择【粘贴文本】选项。

如果要将文本转成表格，通常情况下是先创建表格，再把文字一个个复制粘贴进去，这种操作不仅低效，还容易出错。

在 WPS Office 中可以批量将文本转成表格，具体操作如下。

步骤1 选中内容，选择【插入】→【表格】→【文本转换成表格】选项。

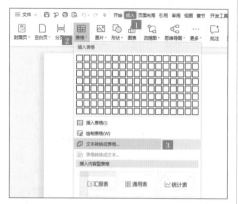

步骤2 弹出【将文字转换成表格】对话框，先在【文本分隔位置】处根据情况选择分隔符，如果实际内容中有特殊的分隔符，可在【其他字符】中输入。本实例的文字分隔符号为制表符，选中【制表符】单选项。设置好文字分隔符后，WPS Office 会自动判断表格的行列数。

员工编号	销售产品	部门	销售总量
YG1001	电视机	销售1部	127
YG1006	电视机	销售2部	145
YG1005	电视机	销售1部	178
YG1004	电视机	销售2部	183
YG1003	电视机	销售2部	250
YG1002	电视机	销售1部	268
YG1001	洗衣机	销售1部	149

2.6.3 批量存储文档中的图片

文档中如果包含多张图片，需要将所有图片存储下来，可以将文档存储为网页格式，具体操作步骤如下。

步骤1 打开文件后，选择【文件】→【另存为】→【其他格式】选项。

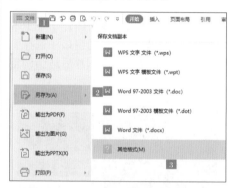

步骤2 打开【另存文件】对话框，选择存储位置，设置【文件类型】为"网页文件"，单击【保存】按钮即可。

提示

内置的文字分隔符有段落标记、逗号（英文）、空格、制表符。

步骤3 单击【确定】按钮，即可将文本转成表格，效果如右上图所示。

2.7　多文档处理技巧

在实际工作中，用户经常要面对多文档的编辑，高效的多文档编辑不仅能避免编辑时产生混乱，也能提高工作效率，避免一些重复低效的操作，下面介绍几个常用多文档编辑的技巧。

2.7.1 打开多个文档

用户要打开多个文档，可依次逐个打开，也可以一并选中多个文档，按【Enter】键，全部打开。

2.7.2 关闭多个文档

当打开多个文档之后，想同时关闭多个文档，可将指针置于某个文档标题上并单击鼠标右键，在弹出的菜单中可选择【关闭】中的【全部】选项，即可将文档批量关闭。在批量关闭的时候，如果文档存在未保存的状态，则会弹出提示用户是否保存的窗口。

2.7.3 将多个文档合并为一个文档

一篇长文档，可能由多人共同协作完成，也有可能存在不同的文件夹中，分别打开多个文档，再进行复制粘贴这种方法效率低，使用

WPS Office 的对象功能，即可方便地合并多个文档。

步骤1 选择【插入】→【对象】→【文件中的文字】选项。

步骤2 弹出【插入文件】窗口，选中多个文档，单击【打开】按钮，即可将选中的文档合并到一个文档中。

同事不知道按了什么键，选择了一大片需要编辑的数据区域，你用鼠标拖着选，不仅慢，数据多时，还不容易选。

同事一分钟输入成百上千条数据，你对着成百上千条数据发愁。

领导让核对数据，同事能轻松发现数据中存在的问题，你仔仔细细看了好几遍，眼睛都花了，啥问题也没找到。

……

只是因为你的"姿势"不对，所以越用越费劲。

第 3 章

WPS 表格操作技巧

- WPS 表格中有哪些能提升效率的快捷键？
- WPS 表格中批处理操作有哪些？
- 快速填充功能怎么用？
- 如何核对数据及保护数据安全？

S 3.1 提高效率的 10 个快捷键

WPS Office 提供了丰富的快捷键，很多功能都可通过快捷键来实现。记住一些常用的快捷键，在操作时将大大提高工作效率。

本节素材结果文件
素材 \ch03\ 提高效率的 10 个快捷键 .et
结果 \ch03\ 提高效率的 10 个快捷键 .et

1. Alt+Enter

经常遇到在一个单元格中输入大段文字的情况，如在特定的位置分行显示文字，可以将光标插入分行处，按【Alt+Enter】组合键即可强制换行。

2. Alt+;

如果需要将筛选后的数据或有隐藏行列后的内容复制粘贴到其他位置，直接复制时，WPS Office 会默认将隐藏的行或列中的数据一并复制，粘贴后的效果如右上图所示。

如何仅复制粘贴可见单元格中的数据呢？要实现这个功能，只需在选择可见数据后，先按【Alt+;】组合键，然后执行复制和粘贴命令，这样就只粘贴可见数据。

> **提示**
>
> 【Alt+;】组合键的作用是只选定当前选定区域中的可视单元格。

3. Alt+ ↓

在同一列中，如果要输入上方已输入的文本数据，可以在数据下方单元格中，按【Alt+ ↓】组合键，即可自动生成一个包含该列已输入文本数据的下拉列表，选好数据后，按【Enter】键，即可自动将数据填充进单元格。

4. 数字快捷键

在设置数据格式时，可以使用功能区的格式相关命令，也可以使用快捷键，【Ctrl +Shift+1】设置带千位符的数值格式；【Ctrl+Shift+2】设置时间格式；【Ctrl+Shift+3】设置日期格式；【Ctrl+Shift+4】设置货币格式；【Ctrl+Shift+5】设置百分比格式；【Ctrl+Shift+6】设置科学计数法格式。效果如下图所示。

	A	B	C	D	E	F	G
1	常规格式	千分位格式	时间格式	日期格式	货币格式	百分比格式	科学计算法
2	43831	23780	0.85	43831	17863	0.85	43831
3	43832	7000	0.36	43832	16096	0.36	43832
4	43833	24536	0.25	43833	14461	0.25	43833
5	43834	8819	0.12	43834	17309	0.12	43834
6	43835	4862	0.68	43835	6176	0.68	43835
7	43836	4768	0.96	43836	13740	0.96	43836
8	43837	15004	0.14	43837	2036	0.14	43837
9	43838	11510	0.45	43838	16603	0.45	43838

	A	B	C	D	E	F	G
1	常规格式	千分位格式	时间格式	日期格式	货币格式	百分比格式	科学计算法
2	43831	23,780	20:24	2020/1/1	¥17,863.00	85%	4.38E+04
3	43832	7,000	8:38	2020/1/2	¥16,096.00	36%	4.38E+04
4	43833	24,536	6:00	2020/1/3	¥14,461.00	25%	4.38E+04
5	43834	8,819	2:52	2020/1/4	¥17,309.00	12%	4.38E+04
6	43835	4,862	16:19	2020/1/5	¥6,176.00	68%	4.38E+04
7	43836	4,768	23:02	2020/1/6	¥13,740.00	96%	4.38E+04
8	43837	15,004	3:21	2020/1/7	¥2,036.00	14%	4.38E+04
9	43838	11,510	10:48	2020/1/8	¥16,603.00	45%	4.38E+04

5. F4

在输入公式函数的参数时，经常要使用绝对引用与混合引用，手动输入"$"符号较为烦琐，如果需要快速切换引用类型，可选中参数后，按【F4】键，即可按照 B1 → \$B\$1 → B\$1 → \$B1 的方式在 4 种引用类型中循环切换。

6. F9

输入复杂函数公式后，为了验证函数公式的正确性，在选择部分公式后，按【F9】键，即可单独计算并显示选择部分公式的运算结果。

选择公式段时，必须包含一个完整的运算对象，可以单击【函数屏幕提示】工具栏中的参数来选取，此方法可以快速准确地选取该参数对应的公式段。

7. Ctrl+ 方向键

在实际工作中，如果数据比较多，要浏览数据区域四周的数据，可以拖曳滚动条进行查看，但数据太多时，使用滚动条浏览显得非常不便。

可以将光标置于数据区域中的任意单元格中，按【Ctrl+ ↑】【Ctrl+ ↓】【Ctrl+ ←】和【Ctrl+ →】这 4 种组合键，快速将活动单元格定位到数据区域的最上、最下、最左、最右边的单元格。

8. Ctrl+Shift+ 方向键

直接拖曳鼠标可以选取小范围的数据，如果要选中大范围数据时，采用鼠标选取就会不方便。

此时将光标置于数据区域的任意单元格中，然后按【Ctrl+ Shift+ ↑】【Ctrl+ Shift+ ↓】【Ctrl+ Shift+ ←】和【Ctrl+ Shift+ →】这 4 种组合键，即可快速选取活动单元格至箭头指示方向全部的连续数据。

9. Ctrl+; 与 Ctrl+Shift+;

按【Ctrl+;】组合键可快速输入当前日期，按【Ctrl+Shift+;】组合键，可快速输入当前时间。

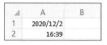

10. Ctrl+A

在表格操作中，如果要选取全部连续的数据区域，可选择数据区域任意单元格后，按【Ctrl+A】组合键，再次按【Ctrl+A】组合键，则选取整个工作表。

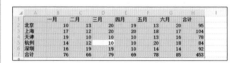

此外，如果选择数据区域不相邻的空白单元格，按【Ctrl+A】组合键，可选中整个工作表。

3.2 8 大批量处理技能

通常情况下，用户处理数据时，都需要选定一个单元格进行操作后，再对其他单元格进行操作。但在某些情况下，可以使用 WPS Office 的批量操作功能，同时操作多个单元格或多张工作表，以减少重复操作，大幅提高用户的操作效率。下面介绍在 WPS Office 中常用的批量操作功能。

本节素材结果文件
素材 \ch03\8 大批量处理技能 .et
结果 \ch03\8 大批量处理技能 .et

3.2.1 批量填充公式

编写函数公式后，通常会拖曳填充柄至其他单元格中复制公式。

此外，还可以通过快捷键批量复制公式，先选中要输入公式的全部单元格区域，然后在第一个活动单元格中输入公式（不要按【Enter】键），最后在编辑状态下按【Ctrl+Enter】组合键，可批量复制公式。

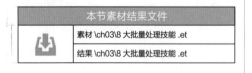

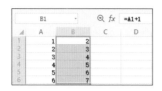

3.2.2 批量填充文本

如果用户需要在表格中 输入大量相同的文本内容，常规做法是先在某一单元格中输入文本，然后再复制粘贴到其他区域。在 WPS 表格中如果想在相邻或非相邻的区域输入相同的文本，可先选中需要输入内容的单元格（连续或非连续均可），然后再输入文本内容，输入完成后，在编辑状态下按【Ctrl+Enter】组合键，即可批量填充输入的文本内容。

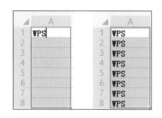

> **提示**
>
> 如果需要在不同工作表中填充相同的文本，可以同时选择多张工作表，再输入内容即可。

3.2.3 批量取消合并单元格

为了美化表格，往往在 表格中设置了大量合并单元格，但如果表格中含有合并

单元格，就会无法使用筛选、排序、公式引用等功能。

因此，需要批量取消表格中的合并单元格。

可以先选中含有合并单元格的区域，或是全选工作表，然后打开【单元格格式】对话框，在【对齐】选项卡中取消勾选【合并单元格】选项（若全选工作表，合并单元格的复选项可能是颜色填充状态，此时用户需要先进行勾选，再取消勾选的操作），最后单击【确定】按钮，即可批量取消工作表中所有的合并单元格。

3.2.4 批量填充空白单元格

规范的数据清单中，每一个单元格内都必须填充内容。规范化的数据方便用户进行筛选及数据透视等分析操作。但在实际工作中，数据的来源多种多样。其中可能夹杂不规范的数据，如果将不规范的数据转成规范的数据列表时，可能会遇到填充空白单元格的操作。虽然可

以采用拖曳复制的方式填充空白单元格,但如果涉及大量的空白单元格填充,使用批量填充功能能提高工作效率。具体步骤如下。

步骤1 选中数据填充区域,按【Ctrl+G】组合键,弹出【定位】对话框,选择【空值】选项,单击【定位】按钮。

步骤2 这样即可选中数据区域中所有的空白单元格,此时可以看到当前活动单元格为 A2 单元格。

步骤3 在公式编辑栏中,输入公式"=A1",即输入活动单元格上方的第一个单元格中的内容,然后按【Ctrl+Enter】组合键,可以批量将上一个包含数据单元格中的内容填充至空白单元格中。

提示

　　上述批量填充的方式使用了公式,为了防止误操作导致数据改变,可以复制数据后,再粘贴为【值】格式,将其值固定。

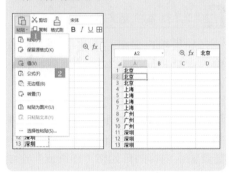

3.2.5 批量求和

　　在汇总表格数据时,使用 SUM 函数求和是最常见的操作,如果需要对多个单元格同时求和,可以先选中求和区域,按【Alt+=】组合键,即可批量求和,提高效率。

	A	B 一月	C 二月	D 三月	E 四月	F 五月	G 六月	H 合计
1		一月	二月	三月	四月	五月	六月	合计
2	北京	10	13	20	19	13	20	
3	上海	17	12	20	20	18	17	
4	天津	19	10	10	10	13	16	
5	杭州	14	12	10	10	20	18	
6	深圳	16	19	19	10	14	14	
7	合计							

	A	B 一月	C 二月	D 三月	E 四月	F 五月	G 六月	H 合计
1		一月	二月	三月	四月	五月	六月	合计
2	北京	10	13	20	19	13	20	95
3	上海	17	12	20	20	18	17	104
4	天津	19	10	10	10	13	16	78
5	杭州	14	12	10	10	20	18	84
6	深圳	16	19	19	10	14	14	92
7	合计	76	66	79	69	78	85	453

3.2.6 批量删除工作表中的对象

　　在 WPS 表格中,可能会插入很多图片、文本框、图表、控件等,这些元素都被称为外部对象，如果手动删除表格中夹杂的外部对象，显然十分低效。在 WPS 表格中，可以批量删除表格中的对象。按【Ctrl+G】组合键，打开【定位】对话框，选择【对象】单选项，单击【定位】按钮。此时 WPS Office 会选中工作表中的所有对象，按【Delete】键即可删除外部对象。

3.2.7 批量调整行高 / 列宽

对于输入文本的单元格，如果列宽小于文本的长度，后方单元格有数据时，单元格中的文本将会被隐藏，而对于输入数值的单元格，如果列宽小于数值的长度将会以 # 号显示。

	A	B	C	D	E
1		一月	二月	三月	
2	北京	####	####	141421	
3	上海	####	####	674335	
4	天津	####	####	780481	
5	杭州	####	####	361979	
6	深圳	####	####	291465	
7					

如果要显示所有列的完整数值，可以先选择整个工作表，然后将指针置于列标交界处，当指针变成左右箭头时，双击列标交界处就可以快速将列宽批量设置为最合适的列宽。

	A	B	C	D	E
1		一月	二月	三月	
2	北京	####	####	141421	
3	上海	####	####	674335	
4	天津	####	####	780481	
5	杭州	####	####	361979	
6	深圳	####	####	291465	

	A	B	C	D	E
1		一月	二月	三月	
2	北京	470105	106576	141421	
3	上海	633102	858618	674335	
4	天津	713208	656929	780481	
5	杭州	707102	495867	361979	
6	深圳	273775	240699	291465	
7					

除了双击列标交界处外，还可以双击行标交界处。此时将行批量调整为最适合的行高。

	A	B	C	D	E
1		一月	二月	三月	
2	北京	470105	106576	141421	
3	上海	633102	858618	674335	
4	天津	713208	656929	780481	
5	杭州	707102	495867	361979	
6	深圳	273775	240699	291465	
7					

	A	B	C	D	E
1		一月	二月	三月	
2	北京	470105	106576	141421	
3	上海	633102	858618	674335	
4	天津	713208	656929	780481	
5	杭州	707102	495867	361979	
6	深圳	273775	240699	291465	
7					

> **提示**
>
> 若工作表中存在大量的隐藏行或列，在双击行标或列标交界处时也会将隐藏的行或列批量显示。

3.2.8 批量增大数据

计算数据时最常用的方法是使用函数公式，但在特殊情况下，可以利用选择性粘贴中的运算功能进行批量计算。如某公司需要将所有员工的基本工资统一上调 500 元，使用选择性粘贴功能增大数据的具体操作步骤如下。

步骤1 复制 E1 单元格中的数据，然后选中 B2:B9 区域。

	A	B	C	D	E
1	姓名	基本工资		上调金额	500
2	张丽	4000			
3	刘伟	4200			
4	刘强	5000			
5	李明	4000			
6	李红	3800			
7	林阳	4200			
8	肖亮	4600			
9	徐东	5000			

步骤2 选择【开始】→【粘贴】→【选择性粘贴】选项。

步骤3 弹出【选择性粘贴】对话框，选中【运算】栏中的【加】单选项，单击【确定】按钮，即可将上调金额批量相加在数据列表中。

	A	B	C	D	E
1	姓名	基本工资		上调金额	500
2	张丽	4500			
3	刘伟	4700			
4	刘强	5500			
5	李明	4500			
6	李红	4300			
7	林阳	4700			
8	肖亮	5100			
9	徐东	5500			

提示

使用【选择性粘贴】中的运算功能不会产生公式结构，只会显示最终运算的静态结果值。

3.3 填充助你快速输入数据

如果需要在 WPS Office 中输入一些比较有规律或是相同的数据，为了快速和高效输入数据，可以使用 WPS Office 提供的自动填充数据功能，从而提高数据录入效率。

本节素材结果文件	
	素材 \ch03\填充助你快速输入数据 .et
	结果 \ch03\填充助你快速输入数据 .et

3.3.1 自动填充功能

当用户需要在工作表内输入有规律的数值、星期、月份等"顺序"数据时，可以利用 WPS 表格的自动填充功能实现快速输入。

1. 自动填充数字

在 A1 单元格中输入数值 1，在 A2 单元格中输入数值 3，选择 A1:A2 单元格区域，将鼠标指针置于单元格的右下角填充柄上,当鼠标指针显示为黑色加号时,按住鼠标左键不放向下拖曳,即可快速输入序列值。

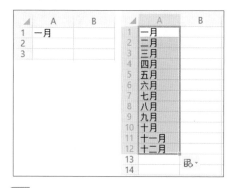

2. 自动填充文本

输入"一月",选中 A1 单元格,将鼠标指针置于单元格右下角填充柄上,按住鼠标左键不放向下拖曳,将形成月份的序列值。

3.3.2 使用填充选项

拖曳填充柄完成填充后,填充区域的右下角会显示【填充选项】按钮,在下拉菜单中可显示更多的填充选项,如对日期进行填充,列表中有"以天数填充""以工作日填充""以月填充"及"以

年填充"等。

3.3.3 智能填充

在 WPS 表格中还有一种智能填充方式称为快速填充,它可以感知用户的输入模式,然后可自动模拟,识别操作而进行填充。运用快速填充可以使一些不复杂的字符串处理工作变得非常简单。

1. 提取数字和字符串

下图中的 A 列是源数据,该源数据含有物品名称、单价及数量等内容,因为源数据缺乏规律,无法使用文本函数来提取。

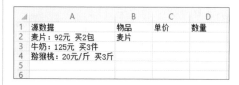

使用快速填充,可以快速地提取各种信息,具体操作如下。

步骤 1 在 B2 单元格中直接输入"麦片"。

步骤2 选择 B3 单元格，按【Ctrl+E】智能填充快捷键，即可将物品名称智能填充。

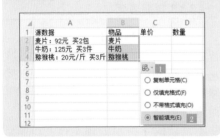

提示

使用智能填充的另一种方式是将指针置于 B2 单元格右下角，然后向下拖曳复制，在填充选项中选择【智能填充】。

步骤3 使用同样的方法，分别输入单价和数量后，再次利用智能填充命令完成填充，效果如下图所示。

2. 提取数据中的出生日期

在表格中提取身份证中的出生日期，常规的做法是使用函数或公式。但如果使用智能填充，则会轻而易举地提取出生日期。如右上图所示，A 列是身份证号，在 B 列中需要提取相应身份证号中的出生日期。如果利用智能填充，

只需在 B2 单元格中手工输入第一个身份证号的出生日期，然后在 B3 单元格中使用智能填充快捷键【Ctrl+E】，即可立即填充其他单元格的出生日期。

提示

在提取日期前，需要对日期格式进行设置。选中 B2:B6 区域，打开【单元格格式】对话框，切换到【数字】选项卡，选择【自定义】分类，在右侧的"类型"中选择"yyyy-mm-dd"。

3. 向字符串中添加其他字符

在表格中经常会出现一些长编号，如账号、座机号码及手机号等，为了便于查阅，经常需要使用分隔符进行分隔，添加分隔符可以利用手工或函数方式，但手工添加效率低下，而函数添加需要用户知晓函数书写方法。对于普通用户来说添加分隔符的便捷方式是使用智能

填充。如下图所示，A 列是编号，现需
要在 B 列进行添加编号操作，规则为
每两个数字添加 "–" 分隔线。此时用
户只需在 B2 单元格中输入第一个编号
样式，然后选中 B3 单元格，按快捷键
【Ctrl+E】即可对所有编号添加分隔符。

▲	A	B	C
1	编号	添加编号	
2	567337	56-73-37	
3	699194	69-91-94	
4	837083	83-70-83	
5	262728	26-27-28	
6	291959	29-19-59	
7	933450	93-34-50	

▲	A	B	C
1	编号	添加编号	
2	567337	56-73-37	
3	699194		
4	837083		
5	262728		
6	291959		
7	933450		

提示

　　智能填充不是公式函数，如果源
数据变化，智能填充的结果不会随之
自动更新。如要更新，需要执行智能
填充命令。

3.4　数据的核对与保护

　　核对数据可以及时发现错误数据，
确保数据准确。而数据的保护则是确保
数据安全、不被修改的关键。

本节素材结果文件
素材 \ch03\ 数据的核对与保护 .et
结果 \ch03\ 数据的核对与保护 .et

　　在日常工作中，用户经常需要进
行核对数据、查找差异、查找重复值等
操作。有的是核对同一工作表中的数据，
有的是核对不同工作表之间的数据。在
WPS Office 中内置了多种常见数据形式
的核对功能，使用户核对数据的过程
轻松高效。

　　如右图所示，列 1、列 2、列 3 分
别展示了城市名称。

▲	A	B	C	D	E	F
1	列1		列2		列3	
2	上海		北京		武汉	
3	天津		上海		天津	
4	北京		天津		广州	
5	杭州		杭州		苏州	
6	苏州		苏州		杭州	
7	天津		重庆		上海	
8	重庆		深圳		深圳	
9	深圳				成都	
10	北京				北京	
11	深圳				南京	
12					长沙	
13					西安	
14					昆明	
15					重庆	

现需要核对以下信息。

　　（1）标识出列 1 中重复的城市
名称。

　　（2）标识出列 1 中唯一的城市
名称。

　　（3）在新的工作表中提取列 1 中
重复的城市名称。

　　（4）在新的工作表中提取列 1 中
唯一的城市名称。

　　（5）标识出列 2、列 3 中共有的
城市名称。

（6）标识出列2、列3中不同的城市名称。

（7）在新的工作表中提取列2、列3中共有的城市名称。

（8）在新的工作表中提取列2、列3中不同的城市名称。

对于上述需要核对的8项信息，具体操作如下。

3.4.1 标识出一列中的重复数据

标识出列1中重复城市名称的具体操作步骤如下。

步骤1 选中列1中的数据，选择【数据】→【数据对比】→【标记重复数据】命令。

步骤2 在弹出的【标记重复数据】对话框中，选择【区域内】选项，在右侧可以查看对比的数据区域及对比方式，同时可以自定义标识的颜色，单击【确定】按钮，即可对重复的数据标识底纹颜色。

3.4.2 标识出一列中的唯一数据

标识出列1中唯一的城市名称的具体操作步骤如下。

步骤1 选中列1中的数据，选择【数据】→【数据对比】→【标记唯一数据】命令。

步骤2 在弹出的【标记唯一数据】对话框中，选择【区域内】选项，在右侧可以查看对比的数据区域及对比方式，同时可以自定义标识的颜色，单击【确定】按钮，即可为唯一的数据标识底纹颜色。

3.4.3 提取出一列中的重复数据

在新的一张工作表中提取列 1 中重复的城市名称的具体操作步骤如下。

步骤 1 选中列 1 中的数据，选择【数据】→【数据对比】→【提取重复数据】命令。

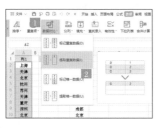

步骤 2 在弹出的【提取重复数据】对话框中，选择【区域内】选项，在右侧可以查看对比的数据区域及对比方式，如果选择的数据列表中包含标题，可选中【数据包含标题】复选项。如果选中【显示重复次数】复选项，则可以在提取的列表中显示重复的次数。单击【确定】按钮，即可在新的工作表中提取重复的数据。

	A	B
1		重复次数
2	天津	2
3	北京	2
4	深圳	2

3.4.4 提取出一列中的唯一数据

在新的一张工作表中提取列 1 中唯一的城市名称的具体操作步骤如下。

步骤 1 选中列 1 中的数据，选择【数据】→【数据对比】→【提取唯一数据】命令。

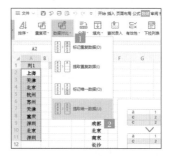

步骤 2 在弹出的【提取去重后的数据】对话框中，选择【区域内】选项，在右侧可以查看对比的数据区域及对比方式。对于提取重复值有两种形式，如果选择【仅保留一个】，则提取出来的数据是源数据中所有去重复值后的数据；如果选择【全部删除】，则将源数据中的重复值全部删除，而只提取源数据中原始的唯一值。单击【确定】按钮，即可在新的工作表中提取去重后的数据。

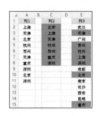

3.4.5 标识出多列中相同的数据

标识出列 2、列 3 中共有的城市名称的具体操作步骤如下。

步骤1 选择【数据】→【数据对比】→【标记重复数据】命令。

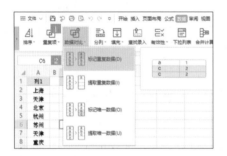

步骤2 在弹出对话框中选择【两区域】选项，可以看到对话框名称会更改为【标记两区域相同数据】，在右侧将光标定位在【区域 1】中，然后拖选列 2 中的 C2:C8 区域。完成区域 1 的选取后，再将光标定位在【区域 2】中，使用同样的方法，选择列 3 中的 E2:E15 区域。单击【确定】按钮，即可标识两列中共有的城市名称。

3.4.6 标识出多列中的不同数据

标识出列 2、列 3 中不同的城市名称的具体操作步骤如下。

步骤1 选择【数据】→【数据对比】→【标记唯一数据】命令。

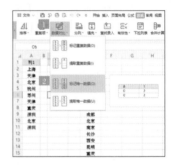

步骤2 在弹出的对话框中选择【两区域】选项，将光标定位在【区域 1】中，然后选择列 2 中的 C2:C8 区域。完成区域 1 的选取后，再将光标定位在【区域 2】中，使用同样的方法，选择列 3 中的 E2:E15 区域。单击【确定】按钮，即可标识两列中不同的城市名称。

	A	B	C	D	E
1	列1		列2		列3
2	上海		北京		武汉
3	天津		上海		天津
4	北京		天津		广州
5	杭州		杭州		苏州
6	苏州		苏州		杭州
7	天津		重庆		上海
8	重庆		深圳		深圳
9	深圳				成都
10	北京				北京
11	深圳				南京
12					长沙
13					西安
14					昆明
15					重庆

3.4.7 在新工作表中提取出多列中的相同数据

在新的一张工作表中提取列 2、列 3 中共有的城市名称的具体操作步骤如下。

步骤 1 选择【数据】→【数据对比】→【提取重复数据】命令。

步骤 2 在弹出的对话框中选择【两区域】选项，将光标定位在【区域 1】中，然后选择列 2 中的 C2:C8 区域。完成区域 1 的选取后，再将光标定位在【区域 2】中，使用同样的方法，选择列 3 中的 E2:E15 区域。最后单击【确定】按钮，即可将两区域中相同的数据显示在新的工作表中。

3.4.8 在新工作表中提取出多列中的不同数据

在新的一张工作表中提取列 2、列 3 中不同的城市名称的具体操作步骤如下。

步骤1 选择【数据】→【数据对比】→【提取唯一数据】命令。

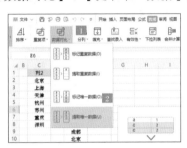

步骤2 在弹出的对话框中选择【两区域】选项，将光标定位在【区域1】中，然后选择列 2 中的 C2:C8 区域。完成区域 1 的选取后，再将光标定位在【区域 2】中，使用同样的方法，选择列 3 中的 E2:E15 区域。单击【确定】按钮，即可将两区域中不相同的数据显示在新的工作表中。

S 3.5 数据的保护

有些 WPS 表格可能存放着个人或企业的机密或敏感数据，此时数据的安全性尤为重要，下面介绍 WPS Office 中表格安全性方面的设置。

本节素材结果文件
素材 \ch03\ 数据的核对与保护 .et
无

3.5.1 保护工作表

保护工作表是指对当前活动工作表进行保护，对工作表进行保护后，工作表就不能再进行编辑、修改等操作。要保护工作表，可以单击【审阅】选项卡中的【保护工作表】按钮，在弹出的【保护工作表】对话框中，可以设置取消工作表保护时使用的密码，在下面有若干个选项，这些选项决定了当前工作表在保护状态后，还可以进行的其他操作。

【保护工作表】对话框各选项的含义如下。

选项	含义
选定锁定单元格	可以使用鼠标或键盘选定设置为锁定状态的单元格，默认为勾选
选定未锁定的单元格	可以使用鼠标或键盘选定未被设置为锁定状态的单元格，默认为勾选
设置单元格格式	如选中，可设置单元格的格式
设置列格式	如选中，可隐藏列或更改列宽度
设置行格式	如选中，可隐藏行或更改行高度
插入列	如选中，可插入新列
插入行	如选中，可插入新行
插入超链接	如选中，可插入超链接
删除列	如选中，可删除列
删除行	如选中，可删除行
排序	如选中，可对选定区域进行排序
使用自动筛选	如选中，可使用现有的自动筛选
使用数据透视表	如选中，可创建或修改数据透视表
编辑对象	如选中，可修改图表、图形、图片，插入或删除批注
编辑方案	如选中，可使用方案管理功能

3.5.2 保护工作簿

在 WPS Office 中，保护工作表只是对当前工作表进行保护，而保护工作簿是对所有的工作表进行保护。

保护工作簿可以单击【审阅】选项卡中的【保护工作簿】按钮，

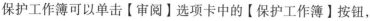

在弹出的【保护工作簿】对话框中，可以设置保护工作簿的密码。当下次打开此工作簿或其他用户打开此工作簿时，需要输入正确的密码才能开启此工作簿。

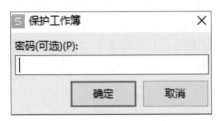

演示文稿的效果会影响观众对一个企业或宣传内容的直观评价，因此，整齐和美观的版式设计就显得尤为重要。

与同事对齐多张图片后的效果对比，感觉你制作的效果总是缺点什么，却又不知道问题出在哪里？

同事放映演示文稿时，总能快速准确定位幻灯片页面位置，还能出现个白屏，在上面或写或画，帮助观众理解……

这些都只是一些提升效率的小技巧而已，学习完本章，你会发现更多技巧。

第 4 章

WPS 演示操作技巧

- WPS 演示中常用的快捷键有哪些？
- 怎样准确、快速地排列多张图片？
- 如何快速修改多个形状的样式？
- 放映演示文稿时有哪些技巧？

4.1 提高你的操作效率——常用的快捷键

WPS演示中提供了丰富的快捷键，很多功能都可用快捷键实现。记住一些常用的快捷键，在操作时将大大提高工作效率。

本节素材结果文件
素材 \ch04\ 快捷键 .dps
无

1. Shift

在制作演示文稿时，配合【Shift】键是最常见的操作，【Shift】键有非常多的功能，下面列举【Shift】键在制作演示文稿中常见的功能。

（1）按住【Shift】键进行拖曳

在制作演示文稿时，经常需要将选中的对象水平或垂直移动。若手动拖曳对象，很难保证对象在水平或垂直方向上移动，此时若按住【Shift】键再拖曳对象，则能让对象水平或垂直移动，此项操作非常适合对齐单一对象，或对对象进行细微的位置调整。

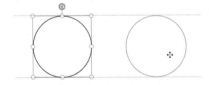

（2）绘制直线和圆

在制作演示文稿时，经常需要绘制水平直线和圆，然而在软件中并没有直接提供水平直线和圆命令。用户若要绘制水平或垂直直线，可选择【形状】中的直线命令，然后按住【Shift】键，水平拖动，则绘制水平直线，垂直拖动则绘制垂直直线。若要绘制圆，则可选择【形状】中的椭圆命令，然后按住【Shift】键拖动，此时将绘制圆。

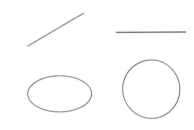

2. Ctrl

大部分用户在使用复制、粘贴命令时，都会想到【Ctrl+C】和【Ctrl+V】组合键，但是，在制作演示文稿时，只要将指针置于选中对象的边界上，然后按住【Ctrl】键，当指针箭头右边出现小十字形时拖曳，将复制选中的对象。此外，若用户同时按住【Ctrl】和【Shift】键拖曳，则会在水平或垂直方向复制选中的对象。

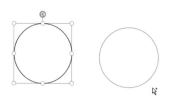

3. Ctrl+G、Ctrl+Shift+G

在制作演示文稿时，用户经常会在幻灯片中插入形状、图片、文本框等元素，在实际工作中，经常要对各种元素进行位置调整，若单独对某个对象进行调整，显然效率较低，所以用户可以对多个对象确定位置关系后，再进行组合，方便进行移动、缩放等操作。按住【Ctrl】键，同时选择多个对象后，按【Ctrl+G】组合键，可以将选中的多个对象进行组合，组合后的对象可以整体地移动、缩放。同时，用户可以双击组合中的某个对象，在不解除组的状态下，再次调整组合中各对象的属性。用户若要取消对象之间的组合，可以使用【Ctrl+Shift+G】组合键。

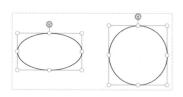

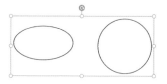

4. Ctrl+[、Ctrl+]

在制作演示文稿时，改变字体大小是必不可少的操作，改变字体大小常规的做法是选中文本框，然后在【开始】选项卡中单击【增大】或【减小】字号按钮来实现，但此项操作必须频繁单击，为了更快地实现字体大小的变换，可以使用【Ctrl+[】组合键减小字号，或使用【Ctrl+]】组合键增大字号。

5. Ctrl+Shift+C、Ctrl+Shift+V

在制作演示文稿时，用户经常会对某个对象做多种格式设置，如下图左侧所示，需要对插入的圆形填充橙色底纹、黑色边框、阴影。完成对圆形的格式设置后，又需要对右侧椭圆进行相同格式的设置。此时如果将某个对象上的格式快速应用到其他对象上，可以先选中某对象，然后按复制格式组合键【Ctrl+Shift+C】，再选中需应用格式的目标对象，按粘贴格式组合键【Ctrl+Shift+V】，即可快速将某对象上的格式应用到其他对象上。

6. Ctrl+ 鼠标滚轮

为了方便整体或局部细节的查看，用户可以单击演示文稿右下角的视图缩放按钮来放大或缩小视图，但如果想快速地放大和缩小视图，可以按住【Ctrl】键，然后滚动鼠标滚轮，向前滚是放大视图，向后滚是缩小视图。

P 4.2 轻松搞定布局——网格线和参考线的妙用

在演示文稿的排版过程中，网格线、参考线是非常实用的工具。网格线是不可移动、改变的，因此可以利用网格线来调整形状和图片的大小，同时也可确定对象的位置。而参考线是可以灵活移动的，它主要用于形状和图片的定位或对齐。此外，参考线按比例划分版面，比如按黄金分割比例进行划分，或是将版面划分成九宫格形式。利用网格线和参考线能给演示文稿的排版带来极大的便利。

本节素材结果文件
素材 \ch04\ 网格线和参考线 .dps
结果 \ch04\ 网格线和参考线 .dps

4.2.1 使用网格线

在幻灯片中，经常需要插入各种形状或图片，如下图所示，在幻灯片中插入 5 张图片，现需要将这 5 张图片规范地排版。

在幻灯片的快速排版中可以使用网格线进行辅助，具体操作步骤如下。

步骤1 选中【视图】→【网格线】复选框，则在幻灯片中出现矩形的虚线网格。

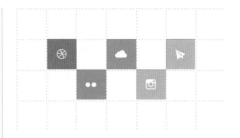

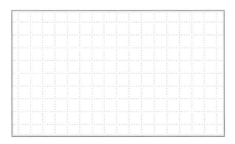

步骤2 单击【视图】→【网格和参考线】按钮，在弹出的【网格线和参考线】对话框中选中【对象与网格对齐】复选框，该选项用于在绘制形状时，形状边缘会自动吸附网格线。此外，在该对话框中，可以调整每个网格的间距。

4.2.2 使用参考线

在实际工作中，在幻灯片中对对象进行排版更多的是使用参考线，仍以上例素材为例进行网格线的排版，具体操作步骤如下。

步骤1 单击【视图】→【网格和参考线】按钮，弹出【网格线和参考线】对话框，选中【屏幕上显示绘图参考线】复选框，单击【确定】按钮。此时在幻灯片中就会显示交叉的十字虚线的参考线。

步骤3 依次单击选中每个对象，然后紧贴网格线的边线，对对象进行拖曳排版。

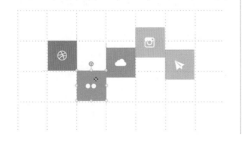

步骤2 默认情况下，两条参考线的相交点位于幻灯片的中心，为了方便后期调整和识别参考线距离，可选中【标尺】复选框，此时在幻灯片的上方会显示标尺，用户可通过标尺查看参考线的位置。

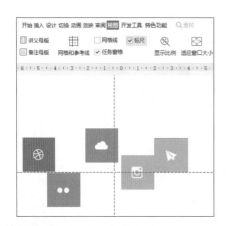

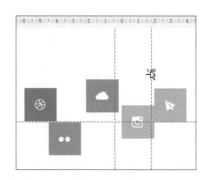

步骤3 将指针放置在参考线上，然后按住鼠标左键直接拖曳，即可调整参考线位置，在拖曳的过程中，参考线上面会显示拖动的距离的数字标识。此外，若按住【Ctrl】键再进行拖曳，可复制参考线。

步骤4 因 5 张图片均为边长 2cm 的正方形，故在水平方向创建 6 条参考线，垂直方向创建 3 条参考线，每条同方向的参考线之间距离为 2cm。创建完成后，即可将图片拖曳到由参考线组成的网格中，以此完成图片的排版。

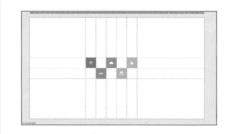

4.3 学会一把刷子——格式刷

在具有多张幻灯片的演示文稿制作中，为了统一风格，往往需要对文本框、图形、图片设置相同的格式。在演示文稿中，可以利用母版统一对文本框进行格式的设置，但是针对临时插入的文本框，各种图形格式的设置就不能用母版来设置。此时可以利用格式刷，将当前设置好的格式全部复制到其他元素上。利用格式刷大大减少了设置格式的重复劳动，使用格式刷的具体步骤如下。

本节素材结果文件
素材 \ch04\ 格式刷 .dps
结果 \ch04\ 格式刷 .dps

步骤1 打开素材文件，设置初始格式，如下页图所示。设置第 1 张幻灯片的标题【字体】为"微软雅黑"，【字号】为"36"。该格式还需要应用到第 2 张

和第 3 张幻灯片的标题上。

步骤 2 选中第一张幻灯片的标题，双击【开始】选项卡中的【格式刷】按钮。

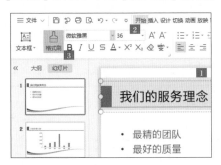

提示

　　单击格式刷，只能应用一次格式，使用后会自动取消使用状态；双击格式刷则可多次使用格式，使用完后，必须再次单击格式刷或按【Esc】键，关闭格式刷功能。

步骤 3 启用格式刷命令后，指针会自动变成刷子样式，选择要应用格式的对象，即可将原对象的格式应用到选定的对象上，效果如下图所示。

P 4.4 快速美化页面元素——文本、图片、形状及表格处理

　　要想快速制作演示文稿，除了要懂基本的软件操作外，还要掌握制作演示文稿的一些技巧，利用这些技巧，可以让你在演示文稿的制作中节省很多时间，同时让你的演示文稿在细节上更加美观。

4.4.1 去除超链接下划线

　　在演示文稿中创建超链接后，会在文本下方显示下划线，超链接下划线会影响幻灯片页面的和谐，为此，在添加超链接时可选择整个文本框，而不是选择文本或将鼠标放在文本框内。

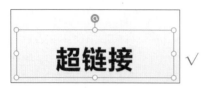

之后再执行插入超链接的操作，文本的格式不再发生任何变化，只在放映幻灯片时跳转。

4.4.2 文本框溢出时缩排文字

在文本框中输入文字时，如果需要输入的文字过多，但又希望文本框的大小保持不变，可通过自动缩小文字的字号达到不乱版的目的，具体操作步骤如下。

步骤1 选中文本框并单击鼠标右键，在弹出的快捷菜单中选择【设置对象格式】选项，如下图所示。

步骤2 打开【对象属性】窗格，选择【文本选项】→【文本框】选项，选中【溢出时缩排文字】复选框，即可自动根据文本框大小调整文字的字号，如下图所示。

4.4.3 快速替换字体

在 WPS 演示中提供了【替换字体】功能，可以快速替换演示文稿中的字体，具体操作步骤如下。

步骤1 单击【开始】→【替换】→【替换字体】选项，如下图所示。

步骤2 打开【替换字体】对话框，在【替换】下拉列表中选择演示文稿中已有的

要替换掉的字体，如选择"微软雅黑"，在【替换为】下拉列表中选择要替换为的字体，这里选择"黑体"，单击【替换】按钮，如下图所示，即可完成快速替换字体的操作。

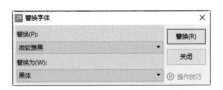

4.4.4 删除文本框四周的边距

文本框的四周默认会留有一定的边距，但某些情况下，需要在确保文本框大小和字体字号不变的情况下，单元格内显示更多的文本，就可以删除文本框四周的边距，具体操作步骤如下。

步骤 1 选中文本框并单击鼠标右键，在弹出的快捷菜单中选择【设置对象格式】选项，如下图所示。

步骤 2 打开【对象属性】窗格，在【形状选项】→【大小与属性】→【文本框】选项下，设置【左边距】【右边距】【上边距】【下边距】的值均为"0.00厘米"，即可删除文本框四周的边距，如下图所示。

4.4.5 创意裁减图片

开通 WPS 会员后，可以通过创意裁剪图片功能，实现更具创意的图片效果，具体操作步骤如下。

选中插入的图片，单击【图片工具】→【创意裁减】按钮，在弹出的下拉列表中选择裁减后的图片效果，如下图所示。

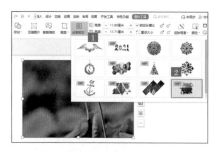

创意裁减图片后的效果如下图所示。

4.4.6 压缩图片大小

在 PPT 中经常会使用大量的图片素材，导致 PPT 文件过大，不仅不方便文件的传输，播放时如果设备老旧还容易出现卡顿，在确保图片清晰的同时压缩图片就显得很有必要。

步骤1 选中插入的图片，单击【图片工具】→【压缩图片】按钮，如下图所示。

步骤2 弹出【压缩图片】对话框，在【应用于】区域选中【文档中的所有图片】单选项，在【更改分辨率】区域选择【网页/屏幕】单选项，在【选项】区域选中【压缩图片】【删除图片的裁减区域】复选框，单击【确定】按钮，如下图所示。即可压缩文档中的所有图片。

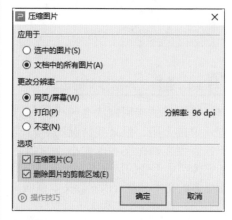

步骤3 此外，WPS 演示还提供了自定义图片压缩的操作，选中插入的图片，单击【图片工具】→【智能缩放】按钮，如下图所示。

步骤4 弹出【图片智能缩放】对话框，在【压缩设置】区域选中【指定图片体积】单选项，并设置体积大小，设置完成，单击【确定】按钮。

4.4.7 绘制正方形

在 WPS 演示中提供了绘制矩形和椭圆的命令，如果要绘制正方形和圆形，则需要借助【Shift】键，具体操作步骤如下。

步骤1 单击【插入】→【形状】→【矩形】按钮，如下图所示。

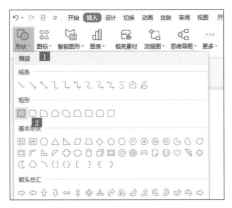

步骤2 按住【Shift】键，在页面中绘制矩形，即可绘制出正方形，同样，调用绘制【椭圆】命令，按住【Shift】键，在页面中绘制椭圆，即可绘制出圆形，效果如右上图所示。

4.4.8 合并形状功能

在网上经常会看到一些特殊的形状，在 WPS Office 中也提供了结合、组合、拆分、相交、剪除等合并形状功能，在【绘图工具】→【合并形状】下拉列表中，即可看到这 5 个命令，如下图所示。下面分别介绍不同功能的作用及效果。

1. 结合

结合是将两个形状合并到一起，得到一个形状。结果与选择图片的顺序有关。

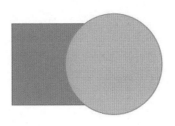

在上图中，先选择蓝色的长方形，

再选择橙色的圆形，执行【结合】命令后，会显示为蓝色，效果如下图所示。

再选择橙色的圆形，执行【组合】命令后，会显示为蓝色，效果如下图所示。

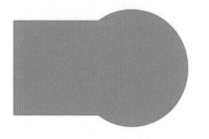

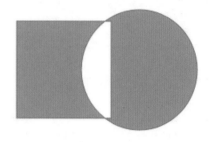

如果先选择橙色的圆形，再选择蓝色的长方形，执行【结合】命令后，会显示为橙色，效果如下图所示。

如果先选择橙色的圆形，再选择蓝色的长方形，执行【组合】命令后，会显示为橙色，效果如下图所示。

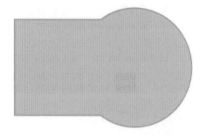

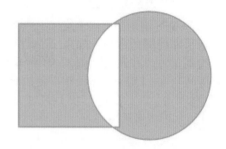

2.组合

3.拆分

组合是去掉两个形状重叠的部分后，将两个形状合并到一起，得到一个形状。结果与选择图片的顺序有关。

拆分是将两个形状按照重叠和不重叠区域进行拆分，会得到多个形状。结果与选择图片的顺序有关。

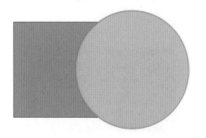

在上图中，先选择蓝色的长方形，

在上图中，先选择蓝色的长方形，

再选择橙色的圆形，执行【拆分】命令后，会拆分为 3 个形状，并显示为蓝色，效果如下图所示。

后，会得到重叠部分的形状，并显示为蓝色，效果如下图所示。

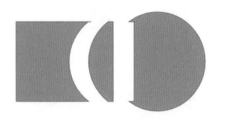

如果先选择橙色的圆形，再选择蓝色的长方形，执行【拆分】命令后，会拆分为 3 个形状，并显示为橙色，效果如下图所示。

如果先选择橙色的圆形，再选择蓝色的长方形，执行【相交】命令后，会得到重叠部分的形状，并显示为橙色，效果如下图所示。

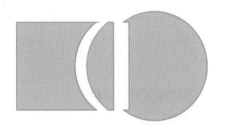

4. 相交

相交是保留两个形状重叠的部分，不重叠部分会被删除，最终得到一个形状，结果与选择图片的顺序有关。

5. 剪除

剪除是将先选择形状与后选择形状相交的部分剪除掉，仅保留先选择形状剩余的部分，最终得到一个形状。结果与选择图片的顺序有关。

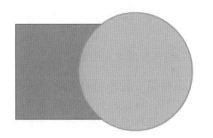

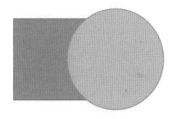

在上图中，先选择蓝色的长方形，再选择橙色的圆形，执行【相交】命令

在上图中，先选择蓝色的长方形，

再选择橙色的圆形，执行【剪除】命令后，会得到一个形状，并显示为蓝色，效果如下图所示。

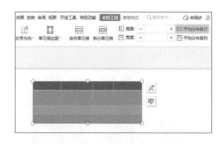

如果先选择橙色的圆形，再选择蓝色的长方形，执行【剪除】命令后，会得到一个形状，并显示为橙色，效果如下图所示。

步骤2 单击【表格工具】→【平均分布各列】按钮，效果如下图所示。

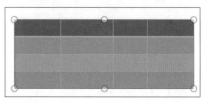

4.4.9 统一表格单元格大小

如果表格单元格的大小不一致，通常情况下会拖曳框线来调整，但这种方法既费时又费力，最终效果还不能满意，可以通过【平均分布各行】【平均分布各列】功能快速统一表格单元格的大小，具体操作步骤如下。

步骤1 选中整个表格，单击【表格工具】→【平均分布各行】按钮，效果如右上图所示。

4.4.10 表格填充图片

表格是一种非常好用的排版工具，可以将图片填充到表格中制作出有创意的排版效果，将图片填充到表格的具体操作步骤如下。

步骤1 插入一张图和一张表格，使图片

与表格大小相等，如下图所示。

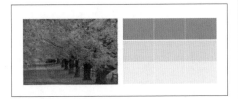

步骤2 按【Ctrl+X】组合键剪切图片，之后选择表格并单击鼠标右键，在弹出的快捷菜单中选择【设置对象格式】选项。

步骤4 设置完成，关闭【对象属性】窗格，即可看到使用图片填充表格后的效果，如下图所示。

步骤3 打开【对象属性】窗格，在【形状选项】→【填充与形状】→【填充】选项下选中【图片或纹理填充】单选项，单击【图片填充】后的下拉按钮，在下拉列表中选择【剪贴板】选项，设置【放置方式】为【平铺】。

 4.5 告别一步一步操作——批处理操作

在 WPS 演示中如果要对大量对象进行相同的操作，可以使用批处理功能，简化操作步骤，提升工作效率。

本节素材结果文件
素材 \ch04\ 批处理 .dps
结果 \ch04\ 批处理 .dps

4.5.1 批量修改图片大小

在幻灯片的制作过程中，经常需要使用图片，在图片处理过程中常见的操作就是修改图片大小。如下图所示，因原始图片大小不一样，导致插入幻灯片中的图片大小也不一致。若要将所有图片修改成一样大小，可以使用手工方式调整,但显然手工修改图片大小效率低下。

 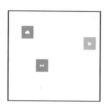

在幻灯片中若需要统一修改图片大小，可按以下步骤操作。

步骤1 按住【Ctrl】键，批理选中所有需要修改的图片。

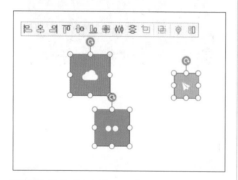

步骤2 单击【图片工具】选项卡，在【高度】【宽度】文本框中，手工输入图片高度或宽度，或单击"+""－"号进行图片大小的调整，此处的调整是批量将选中的图片设置成一样的大小。

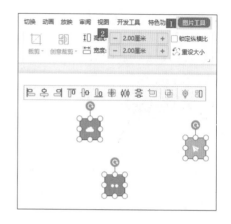

4.5.2 批量将幻灯片导出为图片

在特殊情况下，需要将制作好的演示文稿中的幻灯片导出为图片，其实非常简单，具体步骤如下。

步骤1 选择【文件】→【另存为】→【其他格式】命令。

步骤2 在弹出的【另存文件】窗口中，选择保存图片的路径及文件夹，然后单击【文件类型】右侧的下拉按钮，在下拉列表中选择图片格式，如 JPG、PNG、TIF、BMP 格式，单击【保存】按钮。

步骤3 在弹出的导出选项中,若选择【每张幻灯片】选项,则会将演示文稿中所有的幻灯片都导出为图片,若选择【仅当前幻灯片】选项,则只会将当前选中的一张幻灯片导出为图片。选择完后,即可批量将幻灯片导出为图片。

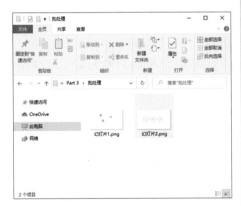

4.5.3 批量修改形状

在演示文稿制作中,用户经常会使用形状来创建流程图,如右上图所示,在

该幻灯片中用 3 个圆形创建了一个流程图。

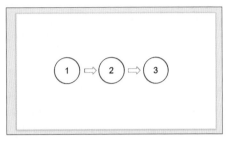

若后期用户不想使用圆形表示流程图,想替换成别的形状,可按住【Ctrl】键选中多个圆形,然后选择【绘图工具】→【编辑形状】→【更改形状】命令,在其下拉菜单中选择另一种形状,如选择矩形,即可批量将圆形变换成矩形。

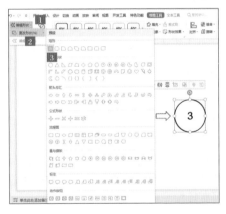

4.6 让演示变得轻松简单——十大演示技巧

作为演示文稿，其最主要的用途是将内容以幻灯片的形式在屏幕上进行演示。幻灯片的演示有很多技巧，运用这些技巧可以让演讲过程流畅、自然，帮助演讲者克服紧张心理。下面介绍一些关于幻灯片演示的常见技巧。

本节素材结果文件
素材 \ch04\ 演示技巧 .dps
无

1. 快速放映幻灯片及手机遥控放映

（1）快速放映幻灯片

全屏放映幻灯片，可以选择【放映】➔【从头开始】命令，该命令可以从演示文稿的第一张幻灯片开始播放。如果选择【当页开始】命令，则会从当前用户选择的幻灯片页面开始播放。如需要快速停止放映幻灯片，可直接按【Esc】键或按【-】键。

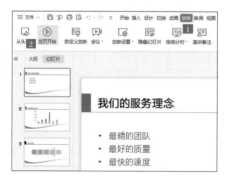

提示

> 放映幻灯片是演示文稿时频繁使用的操作，可以使用快捷键来完成，如果是从第一页开始放映，直接按【F5】键，如果是从当前页开始放映，则直接按【Shift+F5】组合键。

（2）手机遥控放映

在演讲时放映幻灯片，如果没有翻页笔，可以通过手机遥控放映，进行翻页等操作。具体操作步骤如下。

步骤1 单击【放映】➔【手机遥控】按钮。

步骤2 弹出【手机遥控】对话框，使用手机端 WPS Office 扫描生成的二维码。

步骤3 扫描后，单击【点击播放开始遥控】按钮，即可开始放映幻灯片，并可以使用手机遥控放映。

步骤 4 进入放映状态后，点击手机屏幕或左右滑动，即可实现翻页操作。

步骤 5 如果要断开连接，可点击右上角的 按钮，在弹出的界面中点击【断开】按钮即可断开手机与计算机的连接。

2. 设置黑屏或白屏

在放映幻灯片的过程中，演讲者可能会与观众进行现场互动或讨论，为了避免屏幕上正在放映的幻灯片内容影响观众的注意力，可以设置黑屏。设置黑屏的方法是在幻灯片全屏放映状态下单击鼠标右键，在弹出的菜单中选择【屏幕】→【黑屏】命令。

但此种手工方式操作较为烦琐，为了迅速地切换到黑屏，可以使用黑屏快捷键【B】键。

同理，用户还可以设置白屏。只需执行【屏幕】→【白屏】命令，或按一下【W】键,即可进入白屏状态。再按一下【W】键,则返回幻灯片放映状态。

3. 快速返回任意幻灯片

在放映幻灯片时,如果当前幻灯片的内容与之前已放映过的某张幻灯片中的内容有关联,则需要调用之前已放映的某张幻灯片进行辅助演讲。调出之前放映的幻灯片,可以在全屏放映模式下单击鼠标右键,在弹出的菜单中依次选择【定位】→【按标题】命令,在其三级菜单中列出了演示文稿中的所有幻灯片,单击某张幻灯片即可切换到该幻灯片。

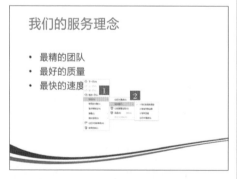

但在此切换极其不便,高效无缝地切换任意幻灯片可以先按幻灯片数字序号,再按【Enter】键。

例如,想返回到第3张幻灯片,可直接按数字【3】键,再按【Enter】键。想返回到第12张幻灯片,可直接按【1】和【2】数字键,再按【Enter】键。

4. 隐藏幻灯片

在演示时,由于场合和情况不同,演示者可能不想播放全部的幻灯片,但是又不想删除或另存为一个个新的副本。在这种情况下隐藏播放某些幻灯片为最佳选择。选中某张幻灯片,单击鼠标右键,在弹出的菜单中选择【隐藏幻灯片】命令。

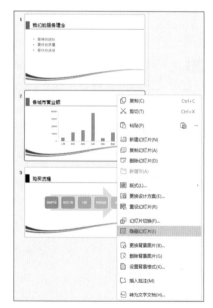

对于设置隐藏的幻灯片并不会在左侧的窗格中隐藏,并且用户依然可以编辑该幻灯片,设置隐藏的幻灯片只是在该幻灯片对应的数字序号上用斜的删除线表示隐藏属性。当用户全屏放映幻灯片时,设置隐藏的幻灯片会自动跳过。

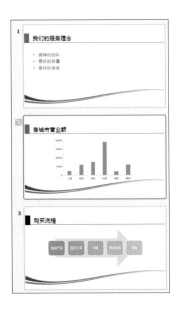

5. 自定义放映

　　默认情况下，幻灯片的播放顺序是从第一张幻灯片开始播放，直到最后一张幻灯片的结束。

　　也就是说原始幻灯片的排列顺序就决定了播放的顺序，但在实际工作中，演示文稿的制作者一般会制作一个综合性的演示文稿，但在实际做演示报告时，可能观众是不同的群体，此时就需要根据不同的观众群体展示不同的幻灯片，甚至要调整部分幻灯片的播放顺序。若要针对不同群体展示不同幻灯片或调整不同的播放顺序，可将演示文稿另存为相应的副本，然后在不同的副本中增减幻灯片及调整顺序。但此方法会生成多个演示文稿，后期修改、调整、管理极其不便。所以针对该问题，最佳方法是使用演示文稿中的自定义放映功能。其具体操作步骤如下。

步骤 1　选择【放映】→【自定义放映】命令，弹出【自定义放映】对话框。

步骤 2　单击【新建】按钮，弹出【定义自定义放映】对话框，在【幻灯片放映名称】处可自定义放映名称。在对话框左侧为原始演示文稿中的幻灯片，右侧为自定义放映的幻灯片，用户在左侧单击某幻灯片，然后单击【添加】按钮，即可将左侧幻灯片移植到右侧自定义放映序列中。添加完成后，单击【确定】按钮，即在【自定义放映】对话框中显示该自定义放映的名称。

步骤3 再次单击【新建】按钮，添加另一种自定义放映规则，其方法同 步骤2 。

步骤4 设置完自定义放映规则后，演示时就可以针对不同的观众展示不同的放映版本，选择【放映】→【自定义放映】命令，在弹出的【自定义放映】对话框中选中某放映名称，然后单击右下角的【放映】按钮，即可按之前设置好的放映规则进行幻灯片的全屏播放。

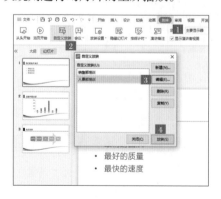

6. 循环播放

默认情况下，全屏放映幻灯片时只会播放一次，此种情况往往是针对一次性现场演讲、培训等场景。但演示文稿也经常用于各种展台，如在各种展会上，利用电子显示屏放映企业产品宣传的演示文稿，这类演示文稿必须要持续地循环播放。

如要循环播放幻灯片，可选择【放映】→【放映设置】→【自动放映】命令。

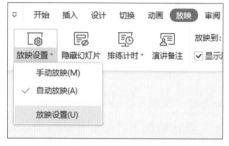

在弹出的【设置放映方式】对话框中选中【放映类型】下的【展台自动循环放映（全屏幕）】单选项，即可循环播放演示文稿。

7. 排练计时

在实际工作中，经常会遇到指定报告时间长度的场合，此类场景必须要求演讲者在指定时间内完成演讲，如5

分钟演讲、10 分钟论文阐述等。在默认情况下，幻灯片的切换是手动的，在有特定时间限制的演讲中，如果手动切换可能会打断演讲者的思绪，最佳状况是演讲者全程演讲，而幻灯片会根据演讲者的内容自动切换。如果要达到此项要求，可使用演示文稿中的【排列计时】功能。

　　排列计时功能是指事先对演示文稿进行排练，并记录设置每一张幻灯片的播放时间。在正式演讲时，演讲者只专注演讲的过程，而不用手动切换幻灯片。切换幻灯片的过程，由事先设置好时间的幻灯片进行自动切换。

　　设置排练计时的步骤如下。

步骤1 单击【放映】→【排练计时】按钮，对于排练计时有两种情况，一种是排练全部的幻灯片，另一种是只对当前页幻灯片进行排练。用户可根据自己的实际情况进行选择。但在绝大部分情况下是对全部幻灯片进行排练，故选择【排练全部】命令。

步骤2 进行排练计时设置后，幻灯片会自动进行全屏播放，并且在幻灯片上会出现排练计时预演的控件。

提示

　　该控件从左到右的三个按钮依次为切换下一张幻灯片、暂停当前计时、重新开始当前页面计时。在该控件左侧时间为当前页面的计时，每切换到新的幻灯片就会归零重新计时；右侧时间是整个演示文稿的总计时，时间会记录到整个演示文稿完毕。排练计时具体操作就是对当前幻灯片进行演讲练习，练习完一张幻灯片后单击最左侧的按钮切换到下一张幻灯片，开始新的练习，循环此方式，直到完成所有幻灯片的练习。在此过程中，会记录用户每张幻灯片的用时及整个练习的时长。

步骤3 当完成排练后，会弹出是否保存排练计时的对话框，单击【是】按钮即可对练习计时的时间进行保存。

　　对于排练计时过程中记录的每张幻灯片的时间，会在幻灯片浏览视图中幻灯片缩略图的右下角标识出来。用户在设置幻灯片全屏播放时，演示文稿中的幻灯片会按照记录的时间自动进行切换。

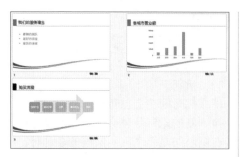

8. WPS 演示会议功能

　　WPS 演示提供的【会议】功能，支持多人会议，通过手机扫描二维码或在计算机中输入邀请码加入会议。

　　（1）发起会议

步骤1 打开演示文稿后，选择【放映】→【会议】→【发起会议】命令，即可上传文档并进入会议。

步骤2 稍等片刻，即可进入会议，单击【邀请】按钮。

步骤3 打开【邀请成员】窗格，单击【复制邀请信息】按钮，复制信息后发送给其他参会者。

　　（2）加入会议

　　手机用户可以使用手机打开 WPS Office 的【扫一扫】功能，扫描二维码加入会议。

计算机用户，可以直接单击"会议链接"网址，使用浏览器进入会议。

WPS Office 用户，在打开 WPS 演示后，选择【放映】→【会议】→【加入会议】命令。

打开【会议】对话框，输入接入码，单击【加入会议】按钮，即可加入会议。

（3）开始及结束会议

用户加入会议后，就可以开始会议，具体操作步骤如下。

步骤1 用户加入会议后，在【会议】对话框中可以看到会议的成员数量，并自动进入会议。

此时，所有参会人员可同步观看。

步骤2 如果参会者要离开会议，可以单击右上角的【更多】→【离开会议】按钮。

步骤3 在打开的【离开会议】界面单击【离开会议】按钮即可离开会议。

步骤4 如果要结束会议，可以单击【结束会议】按钮，在打开的界面单击【全员结束会议】按钮，如下页图所示。

9. 演示者视图

对于大部分用户在利用演示文稿演讲时难免会紧张，如果内容较多，犯错的概率会更大。为了让自己不忘词，除了事先多做练习外，还可以将演讲的重点，甚至将全部演讲的话语记录在幻灯片的备注中。单击【放映】选项卡中的【演讲备注】按钮，在弹出的【演讲者备注】对话框中即可输入备注内容。备注内容将显示在幻灯片的底部。

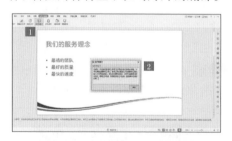

在正式的演讲中，一般都会将演示文稿所在的计算机连接投影仪或大型电子屏幕，此时就可以起用演示者视图模式，演示者视图模式是指将演讲者视图和播放视图分别显示在不同的监视器上。观众将只能看到幻灯片播放过程及绘制标记的操作，而演讲者可以运行其他程序进行其他操作，观众不会看到。

下图所示即为演示者视图模式。左侧为在另一台监视器上播放的画面，左下角为切换幻灯片区域，右侧为备注内容。该视图模式只有演讲者本人可见，而观众不可见。

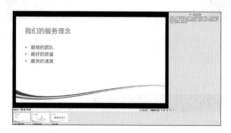

在演示者视图模式下，演讲者可以根据右侧备注进行流畅地演讲，同时可以方便地切换幻灯片，演示者视图模式给演讲者提供了很大的提示空间，大大减少了演讲者因忘词而导致的窘态，从而减轻了演讲时的负担。

10. 利用画笔来做标记

在放映幻灯片时，为了让效果更直观，有时演讲者需要现场在幻灯片上做些标记，如下图所示，在幻灯片上用记号笔直接标识出了营业额最大的城市数据。

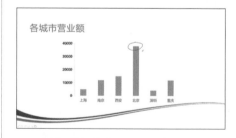

在演示文稿中，可以利用记号笔、箭头、线条、形状来标识重点。当全屏播放幻灯片时，将指针移动到左下角就会显示相关放映标识控件。

第 1 项为标记笔控件，在此可以

选择箭头、圆珠笔、水彩笔、荧光笔进行标识。

第 2 项为线条形状控件，在此可以在幻灯片中绘制曲线、直线、波浪线或选择矩形进行内容的框选。

第 3 项为颜色控件，此处的设置会影响前面标记笔和线条形状的颜色。

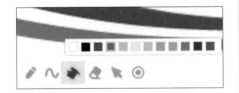

第 4 项为橡皮擦，利用橡皮擦可以擦除绘制的笔迹或形状。

第 5 项为鼠标控件，默认情况下，

幻灯片全屏播放时会自动隐藏指针，在此可以选择显示指针。

第 6 项为录制屏幕按钮，可打开屏幕录制界面。

提示

在仅使用一个监视器的全屏播放状态下，才会在幻灯片的左下角显示标识控件，如果用户有多个监视器，并起用了演示者视图，那在幻灯片的左下角不会自动显示标识控件。此时用户需要在幻灯片中进行各种标识，可在演示者视图中单击鼠标右键，在弹出的菜单中选择【指针选项】命令，在其二级菜单中选择各种标识控件进行标识。在演示者视图中选择标识控件的过程将不会被观众看到，观众只会看到标识的书写过程和最终结果。

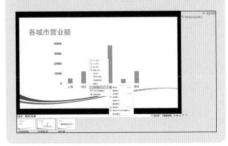

如果在幻灯片中标识过笔迹或其

他线条形状，并且用户退出全屏播放模式时，演示文稿会弹出是否保留墨迹注释的提示。单击【放弃】按钮，会删除所有添加的标识，而单击【保留】按钮则会在幻灯片中保留添加的标识。

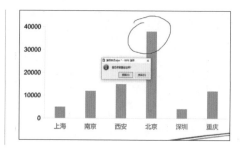

PDF 是一种便携式文档格式，比传统文件格式能更加鲜明、准确、直观地表达文件内容，而且兼容性好，无法随意编辑，且支持多样化的格式转换，广泛应用于各种工作场景。

第 5 章

PDF 文件编辑技巧

- 如何实现 PDF 文件与其他格式文件的互换？
- 怎么删除、替换 PDF 页面？
- 如何为 PDF 文件添加批注？

5.1 创建 PDF 文件

创建 PDF 文件有多种方法，可以将 WPS 文字、WPS 表格及 WPS 演示相关的文档输出为 PDF 文件，还可以把图片转换为 PDF 文件。

5.1.1 将文档输出为 PDF 文件

不论是 WPS 文字、WPS 表格还是 WPS 演示，都可以在【特色功能】选项卡下将文档输出为 PDF 文件。

下面以将"工作总结计划 PPT.dps"文件输出为 PDF 为例，介绍将文档输出为 PDF 文件的操作。

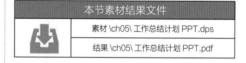

本节素材结果文件
素材 \ch05\ 工作总结计划 PPT.dps
结果 \ch05\ 工作总结计划 PPT.pdf

步骤1 打开素材文件"工作总结计划 PPT.dps"，单击【特色功能】➔【输出为PDF】按钮，如下图所示。

步骤2 弹出【输出为 PDF】对话框，在【输出范围】区域可以设置输出的页面，默认为所有的页面，在【输出设置】区域可以选择输出为"普通 PDF"还是"纯图 PDF"，【保存目录】为"自定义目录"，并选择保存位置，单击【开始输出】按钮，如右图所示。

提示

WPS Office 支持同时输出多个 PDF 文件，可通过单击【+添加文件】按钮添加文档，或者直接拖曳文档到窗口区域。

步骤3 开始输出 PDF 文件，输出完成，在【状态】下将会显示"输出成功"，关闭【输出为 PDF】对话框。在保存位置即可看到输出的 PDF 文件，双击打开该文件，效果如下图所示。

提示

如果要输出纯图 PDF，需要开通 WPS 会员功能。

5.1.2 将图片转为 PDF 文件

如果需要将多张图片转成 PDF 文件，可以使用 WPS PDF 提供的【图片转 PDF】功能，具体操作步骤如下。

本节素材结果文件
素材 \ch05\01.png、02.png、03.png、04.png
结果 \ch05\ 图片转 PDF.pdf

步骤1 打开新建 PDF 页面，单击【图片转 PDF】按钮，如下图所示。

步骤2 弹出【图片转 PDF】对话框，单击【点击添加文件】按钮选择文件或直接拖曳图片文件至窗口区域，单击【合并输出】按钮，再单击【开始转换】按钮，如下图及下页图所示。

提示

　　在【图片转 PDF】对话框左下角可以设置纸张大小、纸张方向及页面边距。选择【原图】选项，则会根据图片的实际大小创建 PDF 文件。

步骤3 弹出【图片转 PDF】对话框，在【输出名称】处会显示"图片转 PDF"，设置输出目录。单击【转换 PDF】按钮，如右上图所示。

步骤4 转换成功，将会弹出【转换成功】对话框，如果要查看文件，可单击【查看文件】按钮。

步骤5 打开转换后的 PDF 文件，效果如下图所示。

5.2 将 PDF 文件转为其他格式文件

日常工作中会经常使用 PDF 文件，普通 PDF 软件无法对 PDF 文件进行编辑。

因此，要编辑 PDF 文件首先要将 PDF 文件转换为 Word 文档。通过 WPS Office 就能实现 PDF 到 Word、Excel、PPT 及图片和纯文本文档的一键转换。

PDF 转其他格式文件的【转换】功能介绍如下图所示。

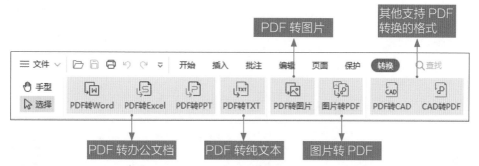

提示

　　PDF 转 Office 文档时，注册用户只能免费转换 5 页及以内的文档，WPS 会员可无限次使用转换功能。此外，WPS 会员还支持多文档同时转换。

本节素材结果文件
素材 \ch05\ 演讲稿 .pdf、工作总结计划 PPT.pdf、公司规章制度 .pdf
结果 \ch05\ 演讲稿 .docx、公司规章制度 .txt

5.2.1 将 PDF 文件转为 Office 格式文件

　　PDF 文件可以转换为 Word、Excel、PPT 格式的文件，下面就以将 PDF 文件转换为 Word 文件为例介绍，具体操作步骤如下。

步骤1 打开素材文件"演讲稿 .pdf"，选择【转换】→【PDF 转 Word】选项。

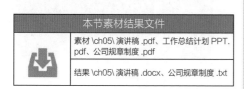

步骤2 弹出【金山 PDF 转换】窗口，选择"转为 Word"选项，设置【输出范围】为"1–1"，【输出目录】为"自定义目录"，并选择输出的位置，设置【输出格式】为"docx"，单击【开始转换】按钮。

提示

　　WPS Office 支持添加多个 PDF 文件同时转换，可通过【+添加更多文件】按钮添加 PDF 文件，或者直接拖曳文件到窗口区域。

步骤3 转换完成后，单击右侧的【打开文件】按钮，即打开 PDF 转换成的

Word 文件。

步骤4 在 Word 格式下，可以直接对内容进行编辑，输入标题"人生没有什么不可能"，并根据需要修改文档中的标题和正文，效果如下图所示。

人生没有什么不可能

我特别喜欢林清玄的《和时间赛跑》。

在这篇文章里，作者告诉我们，所有时间里的事物，都永远不会回来了。你的昨天过去了，它就永远变成昨天，你再也不能回到昨天了。虽然我们知道人永远跑不过时间，但是可以比原来跑快一步，如果加把劲，有时可以快好几步，那几步虽然微小很小，用途却很大很大。

案例总结及注意事项

（1）使用 WPS Office 可以轻松实现 PDF 文件与 Word、Excel、PPT 文件的相互转换。

（2）转换的页面范围可以是全部文件，也可以是部分文件，根据需要选择即可。

5.2.2 将 PDF 文件转为图片格式文件

在 PDF 中文字较少，且需要展示 PDF 文件中的部分内容时，可以把 PDF 文件转换为图片格式文件，具体操作步骤如下。

提示

PDF 转为无水印图片格式文件，需要开通 WPS 会员。

步骤1 打开素材文件"工作总结计划PPT.pdf"，单击【转换】→【PDF 转图片】按钮。

步骤2 弹出【输出为图片】对话框，设置【输出方式】为"1→1"，【输出格式】为"逐页输出"，【水印设置】为"无水印"，【输出页数】为"所有页"，【输出格式】为"PNG"，【输出品质】为"高清品质（300%）"，并设置输出目录，单击【输出】按钮。

步骤3 转为图片格式后，将会弹出【输出成功】提示框，单击【打开文件夹】按钮，即可在打开的文件夹中看到生成的图片文件。

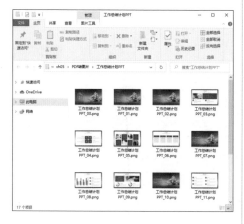

5.2.3 将 PDF 文件转为纯文本文件

如果 PDF 中文字较多，且需要使用 PDF 文件中的文字时，可以把 PDF 文件转换为纯文本文件，具体操作步骤如下。

步骤1 打开素材文件"公司规章制度.pdf"，单击【转换】→【PDF 转 TXT】按钮。

步骤2 弹出【PDF 转 TXT】对话框，设置【页码范围】及【输出目录】，单击【转换】按钮。

步骤3 转换完成后，会弹出【提示】提示框，单击【打开文档】按钮，即可打开记事本文件并查看内容。

案例总结及注意事项

（1）使用 WPS Office 的 PDF 转 TXT 功能可以识别 PDF 中的大多数文字，但会出现文字识别出错的情况，因此，转为纯文本文件后，需要认真检查

TXT 文档中的文字是否有误。

（2）如果 PDF 中包含图片，图片中的文字不能被识别；如果 PDF 文件中包含 TXT 文件不支持的特殊字符，将会被标记为 TXT 文件能识别的特殊符号。

5.3 编辑 PDF 文件

WPS Office 支持阅读和编辑 PDF 文档，如查看 PDF、编辑文字、图片、添加水印和签名等。

【文字编辑】选项卡各功能介绍如下。

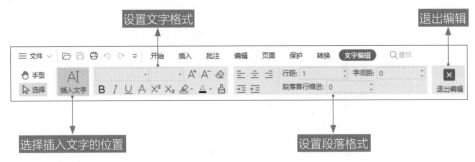

【图片编辑】选项卡各功能介绍如下。

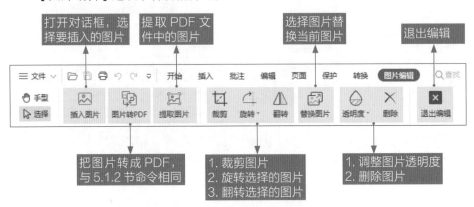

在处理 PDF 文档时，编辑 PDF 页面是最为常用的操作，可以替换与删除 PDF 页面、合并与拆分 PDF 文件、插入与提取页面等。

【页面】选项卡各功能介绍如下。

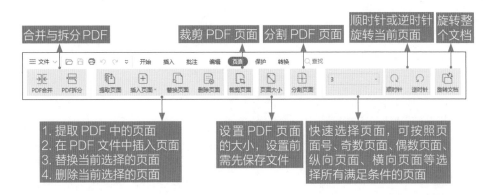

合并与拆分 PDF

裁剪 PDF 页面

分割 PDF 页面

顺时针或逆时针旋转当前页面

旋转整个文档

1. 提取 PDF 中的页面
2. 在 PDF 文件中插入页面
3. 替换当前选择的页面
4. 删除当前选择的页面

设置 PDF 页面的大小, 设置前需先保存文件

快速选择页面, 可按照页面号、奇数页面、偶数页面、纵向页面、横向页面等选择所有满足条件的页面

5.3.1 查看及编辑 PDF 文档中的文字和图片

通常情况下, PDF 文件中的文字和图片是无法编辑的, 但使用 WPS Office 可以编辑部分 PDF 文件中的文字和图片。但纯图形式的 PDF 是无法编辑的。

本节素材结果文件
素材 \ch05\ 公司年度总结报告 .pdf、05.png
结果 \ch05\ 公司年度总结报告 .pdf

1. 查看 PDF 文档

WPS Office 支持查看和编辑 PDF 格式文档, 因此查阅 PDF 文档和查看文字、表格及演示文稿的方法一致, 具体操作步骤如下。

步骤 1 双击 "公司年度总结报告 .pdf" 素材文件, WPS Office 即可打开该文档, 如右上图所示。

步骤 2 单击左侧的【查看文档缩略图】按钮, 即可打开【缩略图】窗格, 显示了各页内容的缩略图, 用户可单击缩略图定位至该页, 如下图所示。

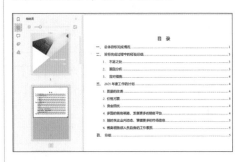

提示

也可以通过滚动鼠标滑轮阅读 PDF 文档, 或通过左下角的页码控制按钮, 切换阅读页面。

步骤3 拖曳窗口右下角的控制柄，可以调整 PDF 的显示比例，方便阅读，如下图所示。

步骤4 如果要双页并排查看，可单击底部的【双页】按钮，效果如下图所示。

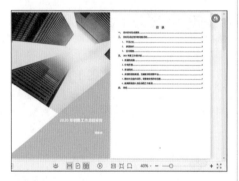

步骤5 单击窗口右下角的【全屏】按钮或按【F11】键，即可全屏查看该 PDF 文档，如下图所示。

提示

　　再次按【F11】键或【Esc】键即可退出全屏视图。

2. 编辑 PDF 文档中的文字

　　编辑 PDF 文档中的文字是最常用的编辑 PDF 操作，具体操作步骤如下。

步骤1 在打开的"公司年度总结报告 .pdf"素材文件中，单击【编辑】→【编辑文字】按钮，如下图所示。

提示

　　编辑文字功能仅支持 WPS Office 会员使用。另外，纯图的 PDF 是无法进行文字编辑的。

步骤2 进入文字编辑模式，文本内容会以文本框的形式显示，并打开【文字编辑】选项卡，如下图所示。

步骤3 将鼠标光标定位至要修改的位置，如放在"一、总体目标完成情况"前，输入"2020 年"文字，如下图所示。

步骤4 选择"一、2020 年总体目标完成情况"文本，在【文字编辑】选项卡中可以设置文字的字体、字号及段落样式。

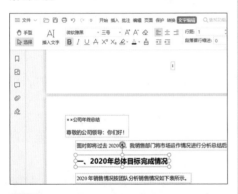

步骤5 单击【退出编辑】按钮，即可编辑完成。最终效果如下图所示。

3. 编辑 PDF 文档中的图片

用户可以插入和删除 PDF 文档中的图片，并能调整图片的大小及位置，具体操作步骤如下。

步骤1 单击【编辑】→【编辑图片】按钮，进入编辑图片界面，并显示【图片编辑】选项卡，如下图所示。

步骤2 选择下方的第一张图片，单击【图片编辑】→【删除】按钮，即可将选择的图片删除，删除后的效果如下图所示。

图 1 团队总成交额分析

步骤 3 单击【图片编辑】→【插入图片】按钮，如下图所示。

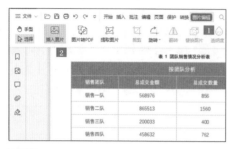

步骤 4 弹出【打开文件】对话框，选择要插入的图片，单击【打开】按钮，如下图所示。

此时即可在该文档中插入图片，效果如下图所示。

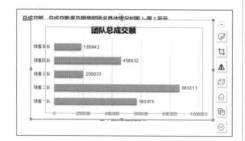

步骤 5 拖曳图片右下角的控制点，调整图片的大小，最终效果如右上图所示。单击【退出编辑】按钮，可退出图片编辑状态。

另外，用户可以通过【图片编辑】选项卡执行裁剪、旋转、替换、删除图片等操作。

案例总结及注意事项

（1）查看 PDF 文档时，可通过页面右下角的控制按钮调整页面的显示方式及显示比例。

（2）在编辑 PDF 中的文字时，可拖曳文本框调整整段文字的位置。

（3）在【图片编辑】选项卡下，可以执行裁剪、提取、旋转、替换及删除图片等操作。

5.3.2 提取、删除、添加及替换 PDF 页面

提取页面、添加页面、删除页面及替换页面是 PDF 文档常用的操作。

本节素材结果文件
素材 \ch05\ 项目标书 .pdf、项目标书封面 .pdf、目录 .pdf
结果 \ch05\ 项目标书 .pdf

1. 提取 PDF 页面

用户可以将 PDF 文档中的任意页面提取出来并生成一个新的 PDF 文档，具体操作步骤如下。

步骤1 打开"项目标书 .pdf"素材文件，单击【页面】→【提取页面】按钮，如下图所示。

提示

> 为了方便提取页面，可以缩小显示比例，选择要提取的页面。

步骤2 弹出【提取页面】对话框，用户可以设置【提取模式】【页面范围】【添加水印】【输出目录】等选项，这里设置【页面范围】为"3-5"，然后单击【提取页面】按钮。

提示

> 如果希望从文档中提取所选页面后删除这些页面，可以勾选【提取后删除所选页面】复选框。

步骤3 弹出【提示】对话框，表示文档已提取完成，用户可以单击【打开提取文档】按钮，打开提取出来的文档；也可以单击【打开所在目录】按钮，可以打开提取文档所在的文件夹。这里单击【打开提取文档】按钮，即可打开提取出来的 PDF 文档，如下图所示。

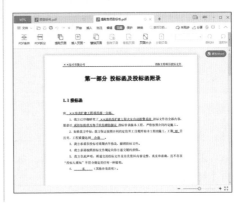

2. 删除 PDF 页面

在对 PDF 文档进行页面编辑时，如果有多余的页面，可以直接将其删除，具体操作步骤如下。

步骤1 在打开的素材文件中，选择"目录"所在的页面，单击【页面】→【删除页面】按钮，如下图所示。

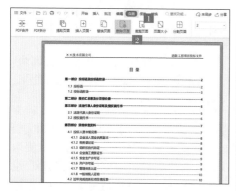

步骤2 弹出【删除页面】对话框，在选择页面后，会默认删除当前选择页，如果要删除其他页面，可以选中【自定义删除页面】单选按钮，并在页面范围中输入要删除的页面，连续的页面用"–"分隔，如"3-5"，不连续的页面用英文"，"分隔，这里选择默认的目录页，单击【确定】按钮，如下图所示。

目录所在的页面即可被删除，如右上图所示。

3. 在 PDF 文档中插入新页面

在对 PDF 文档进行页面编辑时，可以使用【插入页面】功能，在当前文档中插入新页面，具体操作步骤如下。

步骤1 单击【页面】→【插入页面】按钮，在弹出的列表中单击【从文件选择】选项。

步骤2 打开【选择文件】对话框，选择"目录.pdf"文档，单击【打开】按钮，如下图所示。

步骤 3 弹出【插入页面】对话框，选择要插入的位置，这里选择"1"，插入位置设置为"之后"，表示在第 1 页之后插入，单击【确认】按钮，如下图所示。

此时，即可将所选 PDF 文档插入指定位置，如下图所示。

4. 在 PDF 文档中替换页面

在编辑或修改 PDF 文档时，如果要对 PDF 文档里面的页面进行替换时，该如何操作呢？具体操作步骤如下。

步骤 1 在打开的素材文件中选择要替换的页面，如选择第 1 页，单击【页面】➔【替换页面】按钮，如右上图所示。

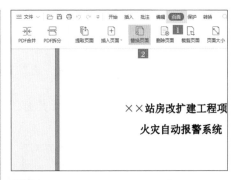

步骤 2 弹出【选择来源文件】对话框，选择替换的 PDF 文档，这里选择"项目标书封面 .pdf"文件，单击【打开】按钮。

步骤 3 弹出【替换页面】对话框，设置来源文档的使用页面，然后单击【确定替换】按钮，如下图所示。

步骤 4 此时会弹出【提示】对话框，确认无误后，单击【确认替换】按钮，如下页图所示。

即可将选定页面替换为新页面，如下图所示。

案例总结及注意事项

（1）选择多张 PDF 页面时，连续的页面中"–"分隔，不连续的页面用英文"，"分隔。

（2）提取页面、删除页面、添加页面及替换页面等操作，都可以在【缩略图】窗格中执行。

5.3.3 PDF 文档的合并与拆分

PDF 文档需要通过合并或拆分，将多个文档合并为一个文档或将一个文档拆分为多个文档。

本节素材结果文件
素材 \ch05\ 项目标书 1.pdf
结果 \ch05\ 项目标书合并 PDF.pdf

1. 拆分 PDF 文档

如果一个文档较大，或者只需将文档中的部分内容发给其他用户，可以使用拆分功能，将 PDF 文档拆分为多个文档，具体操作步骤如下。

步骤1 打开"项目标书 1.pdf"素材文件，单击【页面】→【PDF 拆分】按钮，如下图所示。

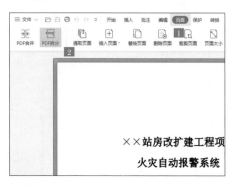

步骤2 弹出【金山 PDF 转换】对话框，选择【PDF 拆分】选项，在其右侧可以设置拆分的页码范围、拆分方式、每隔几页一份文档、输出目录等，这里设置每隔"5"页保存为一份文档，设置完成，单击【开始转换】按钮，如下页图所示。

步骤 3 拆分完成，在对话框中会显示"转换成功"。单击【操作】下方的【打开文件夹】按钮，如下图所示。

步骤 4 会打开一个文件夹，并显示该文档已被拆分为 5 个 PDF 文档，如下图所示。

2. 合并 PDF 文档

如果多个 PDF 文档不方便查看，可以将其合并为一个 PDF 文档，具体操作步骤如下。

步骤 1 在新建 PDF 界面单击【PDF 合并】按钮，如下图所示。

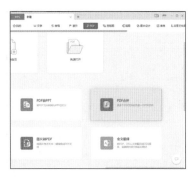

步骤 2 弹出【金山 PDF 转换】对话框，选择【PDF 合并】选项，可以单击【点击添加文件】按钮选择文件，也可以直接将多个要合并的 PDF 文件拖曳至窗口中，这里单击【点击添加文件】按钮，如下图所示。

步骤 3 打开【PDF】对话框，选择要合并的所有 PDF 文件，单击【打开】按钮，如下图所示。

步骤 4 将所有 PDF 文件添加至窗口中，根据需要输入【输出名称】，并设置输出文件保存的目录，单击【开始转换】按钮。

步骤 5 转换完成，可以在"状态"下看到提示"转换成功"，并自动打开合并后的 PDF 文件，如右图所示。

5.3.4 为 PDF 文档添加背景

编辑 PDF 文件时，可以为 PDF 文件添加页眉页脚、页码、文档背景、水印及裁剪页面和分割页面。【编辑】选项卡下各功能作用如下。

本节素材结果文件
素材 \ch05\ 项目标书 1.pdf
结果 \ch05\ 项目标书 2.pdf

本节以为 PDF 文件添加背景为例，介绍编辑 PDF 的方法，具体操作步骤如下。

步骤 1 打开"项目标书 1.pdf"素材文件，单击【编辑】→【文档背景】→【添加背景】按钮，如下页图所示。

步骤 2 弹出【添加背景】对话框，可以设置颜色填充或图片填充，这里选择【颜色】单选项，并设置一种填充颜色，此外还可以根据需要设置外观及对齐方式，设置完成，单击【确定】按钮，如下图所示。

步骤 3 设置完成，即可看到除封面页外的正文中所有页面均添加了背景，效果如下图所示。

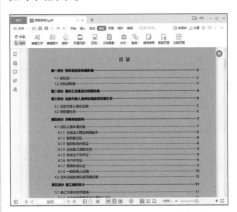

 ## 5.4 在 PDF 文件中添加批注

在 PDF 中可以通过多种方式添加批注，方便他人根据批注修改，【批注】选项卡中各功能介绍如下。

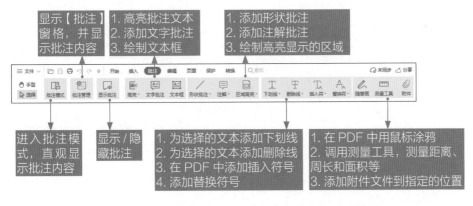

下面以"公司年度总结报告 .pdf"为例，介绍在 PDF 中添加批注的相关操作。

本节素材结果文件
素材 \ch05\ 公司年度总结报告 .pdf
结果 \ch05\ 公司年度总结报告（批注）.pdf

5.4.1 设置 PDF 中的内容高亮显示

在审阅 PDF 文档时，可以将重要的文本以高亮显示的方式，使其更为突出。具体操作步骤如下。

步骤1 打开"公司年度总结报告 .pdf"文件，选择要设置高亮显示的文本，单击【批注】→【高亮】按钮。

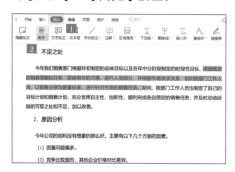

步骤2 设置高亮显示后，文档即会添加黄色底纹，如下图所示。

提示

用户可以单击【批注】→【高亮】按钮的下拉按钮，在弹出的下拉列表中可以设置底纹颜色。

步骤3 如果要对部分区域高亮显示，可以单击【批注】→【区域高亮】按钮，如下图所示。

步骤4 拖曳鼠标绘制要高亮显示的区域，所选区域即会高亮显示，如下图所示。

提示

选择设置的高亮显示框，按【Delete】键即可取消高亮显示。

5.4.2 添加下划线、删除线标记

添加下划线标记也可以突出重要文本，添加删除线则表明可以将选择的内容删除，它们的操作方法类似。具体操作步骤如下。

步骤 1 选择要添加下划线标记的文本，单击【批注】→【下划线】按钮，如下图所示。

所选文本即会添加下划线标记，如下图所示。

提示

用户可以单击【批注】→【下划线】按钮的下拉按钮，在弹出的下拉列表中可以设置下划线的颜色和线型。

步骤 2 选择要删除的文本，单击【批注】→【删除线】按钮，即可添加删除线标记，效果如右上图所示。

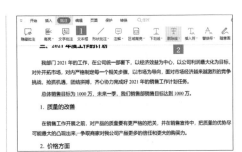

5.4.3 批注 PDF 文档

在查阅 PDF 文档时，可以在文档中直接添加批注或注解，对文档内容提出反馈，可以方便多人协作，有效地进行办公。

1. 添加注解

添加注解的作用是在文档中插入对文字的备注，具体操作步骤如下。

步骤 1 单击【批注】选项卡下的【注解】按钮，如下图所示。

步骤 2 此时鼠标光标变为 形状，在需要添加注解的文本附近单击，在显示的注释小方框中输入要添加的内容，并单击方框下方确认。输入完成后，单击方框右上角的【关闭注释框】按钮×。

步骤3 注释框即会隐藏，并以带颜色小框的形式显示在注解内容附近，使用鼠标可以拖曳小框位置，如下图所示。

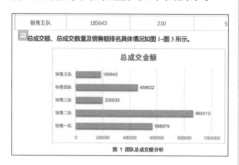

图 1 团队总成交额分析

提示

如果要再次查看，可双击小框进行查看。

2. 添加文字批注

文字批注的作用是在 PDF 文件中插入一个文本框，可以在文本框中输入批注内容并可以根据需要设置字体样式。

步骤1 单击【批注】选项卡下的【文字批注】按钮，如下图所示。

步骤2 将会打开【批注工具】选项卡，在需要添加文字批注的位置单击，即可绘制出一个文本框，在文本框中输入批注文字，并可在【批注工具】选项卡设置文字的字体、字号和字体颜色，如右上图所示。

3. 添加形状批注

形状批注包括直线、箭头、矩形、椭圆、多边形、云朵及自定义形状等多种样式，是一种较为快捷的批注形式，不仅能突出显示批注位置，还可用形状结合其他批注表示不同的含义。添加形状批注的具体操作步骤如下。

步骤1 单击【批注】→【形状批注】→【矩形】选项，如下图所示。

步骤2 拖曳鼠标在目标文本上绘制一个矩形，效果如下图所示。

步骤3 如果要输入批注文字，可以双击

矩形批注，然后在右侧显示的注释框中输入内容，完成添加形状批注后的效果如下图所示。

4. 添加插入符和替换符

插入符是在 PDF 文本后插入一个插入符，其作用是在插入符的位置插入批注的文本内容；替换符是为选择的文本添加替换符号，其作用是用批注的文本替换原文本。添加插入符和替换符的方法相同，下面以插入替换符为例，具体操作步骤如下。

步骤 1 单击【批注】→【替换符】按钮，如下图所示。

步骤 2 选择要替换的文本，则会在选择的文本上添加删除线，并显示注释框，效果如下图所示。

步骤 3 在注释框内输入要替换的文字"表 2"，效果如右上图所示。该批注的作用是将文本"下表"修改为"表 2"。

5. 批注模式和批注管理

在 PDF 中添加批注后，可以开启批注模式查看批注，也可以通过批注管理，在【批注】窗格中管理批注。

步骤 1 单击【批注】→【批注模式】按钮，如下图所示。

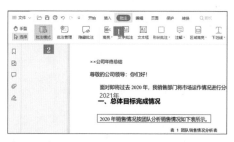

步骤 2 进入批注模式，此时对内容的任何编辑与批注，都会显示在右侧窗口，如下图所示。

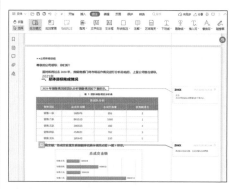

步骤 3 单击【批注】选项卡下的【批注管理】按钮，可以打开左侧的【批注】窗格，查看 PDF 文件中的所有批注内容，如下页图所示。

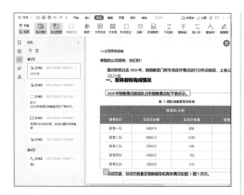

步骤 4 如果要答复批注，可选择某条批注信息，单击下方显示的【点击添加回复】按钮，如下图所示。

步骤 5 在下方的显示的回复框中输入内容，并单击【确定】按钮，完成回复，如下图所示。

步骤 6 在批注上单击鼠标右键，在弹出的快捷菜单中包含【回复】【编辑】和【删除】3 个菜单项，选择【编辑】选项可修改批注，选择【删除】选项可删除选择的批注。

案例总结及注意事项

（1）在 PDF 中添加注释，方便他人根据批注修改文档，因此，批注的位置一定要准确。

（2）批注的形式较多，要选择合适的批注形式，方便找到批注。

WPS Office 功能强大，提供了海量的模板文件，能够满足日常办公和学习的需求。熟练运用找、套、改、拆这 4 种技能，对 WPS Office 所提供的各种模板文件进行"拿来主义"并转化为自己的东西，可以提高自己的专业能力，增强自己的职场竞争力。

第 6 章

善用模板：找、套、改、拆

- WPS 模板商城：稻壳资源
- 如何快速找到合适的模板？
- 如何准确地套用模板？
- 如何高效地改造模板？
- 如何打造自己的专属模板库？

6.1 WPS 模板商城：稻壳资源

启动 WPS Office 后，能看到【稻壳】选项卡，如下图所示。

单击该选项卡后，会进入"稻壳儿"首页，其中包含演示模板、文档模板、表格模板、图标库、图片库、简历制作和稻壳合同等分类。在每个分类下，用户可以通过更详细的分类类型选择合适的模板。

提示

需要开通稻壳会员，才能使用稻壳儿网站提供的模板。

1. 根据分类选择模板

如果要制作文档，可以在稻壳儿找到合适的模板类型，如要制作简历，可以单击上面的【简历制作】选项，在弹出的下拉列表中选择【简历模板】选项。

打开【简历助手】选项卡，在该选项卡下可以看到根据行业和岗位进行的分类，选择不同的行业和岗位，即可更精准地搜索模板。

单击【演示模板】选项，在弹出的下拉列表中可以看到按照热门用途、办公常用、教学专区、热门风格、生活休闲和汇报专用进行分类，每个分类下还包含不同的选项，如果要使用"企业宣传"类的模板，可单击【办公常用】→【企业宣传】选项，即可找到满足需求的模板样式。

"万年历"相关的模板，如下图所示。

2. 搜索模板

如果没有找到合适的分类，可以通过搜索功能搜索模板。如要查找"万年历"模板，可以在搜索框中输入"万年历"，单击【搜索】按钮，即可显示

3. 使用金山海报、云字体

除了常用的模板外，稻壳儿还根据 WPS Office 的功能推出了"金山海报"模板，满足 WPS Office 用户使用【图片设计】功能，如下图所示。

此外，稻壳儿还提供了大量的"脑图流程图"模板，满足 WPS Office 用户制作脑图、流程图的需要。

W 6.2 如何快速找到合适的模板

WPS Office 提供了一站 式融合办公的模式，即将文档、表格、演示、PDF 文件、流程图、思维导图等多个组件融合在一起，实现了在一个 WPS Office 软件界面中，打开和编辑不同文档。

提示

> 在查找各类文件模板时，WPS Office 软件为注册用户提供了少量的免费模板，为 WPS 会员提供了大量的免费模板，为稻壳会员及超级会员提供了所有免费模板和优惠的付费模板。

那么在 WPS Office 中如何查找模板？在其所提供的海量模板中，又该如何快速找到合适的模板呢？

方式一：通过【新建】文件找模板

通过【新建】文件功能查找所需要的模板的具体操作步骤如下。

步骤1 在 WPS Office 的【首页】界面中，单击软件界面上方或左侧的【新建】按钮。

进入【新建】界面，在界面上方可以看到文字、表格、演示、PDF、流程图、脑图、图片设计及表单等选项。

选择不同的文件类型，在界面左下侧【品类专区】区域根据文件类型显示不同的模板分类。如选择【文字】文件类型，模板分为行政通用、求职简历、人事行政、法律合同、平面设计、职场办公、信纸手账、市场营销、更多模板等。

选择【表格】文件类型，模板分为工作计划、财务会计、个人常用、人事行政、供销存类、市场营销、协作表格、更多模板等，如下页图所示。

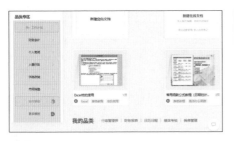

步骤 2 选择文件类型，如选择【文字】类型，在【品类专区】选择模板分类，如选择【求职简历】→【单页简历】选项，如下图所示。

步骤 3 在【单页简历】界面，还可以根据更多条件筛选简历，如选择"应届生简历""中文简历"，在搜索结果中选择要使用的简历，单击【创建在线简历】按钮，即可使用简历，如下图所示。

方式二：通过【稻壳商城】找模板

通过 WPS Office 软件内置的【稻壳商城】查找所需要的模板，具体操作步骤如下。

在 WPS Office 的【首页】界面中，单击软件界面上方【稻壳】或左侧的【稻壳会员】按钮。

即可进入【稻壳儿】界面，稻壳儿提供了海量 WPS Office 素材模板及办公文库等资源。可以根据不同的类型选择模板，也可以在搜索框中输入要搜索的模板，在搜索结果中选择。

> **提示**
>
> 　　需要注册为稻壳会员，才能够进行相关资源的下载。【稻壳儿】在提供大量免费模板资源的基础上，还提供了更加专业化、更加美观的收费模板资源，商城每月对收费模板资源进行更新以满足用户不同的需求。

　　除了通过以上两种方式根据所需要模板的文件类型进行精确的查找外，还可以通过软件界面的搜索栏，输入关键字，搜索自己所需要的模板。

6.3 如何准确地套用模板

　　在 WPS Office 中找到自己所需要的模板，接下来就是根据模板进行准确地套用。在本案例中，根据日常办公中常用的文字、表格、演示 3 种文件类型分别进行举例操作。

1.WPS 文字模板的套用

　　例如，通过 WPS 模板库查找"绩效考核"文字模板，具体操作步骤如下。

步骤1 在 WPS Office 的【首页】界面，选择【新建】→【文字】→【人事行政】→【绩效考核】选项。

步骤2 进入【绩效考核】文字模板页面，可以看到系统提供了很多绩效考核的模板，选择一个模板并单击，即可进行模板预览。如需下载，根据实际需要选择一款后单击【免费下载】按钮进行下载。

步骤3 进入模板文件的预览界面，单击

右侧或预览页最下方的【立即下载】按钮进行下载，下载并打开模板后，将模板中的文字修改为需要的内容。

提示

WPS 模板库为注册用户提供了部分免费模板，如升级为稻壳会员则可下载更多的稻壳会员专用模板。

2.WPS 表格模板的套用

例如，通过 WPS 模板库查找"考勤表"表格模板，具体操作步骤如下。

步骤1 在 WPS Office【首页】界面选择【新建】→【表格】→【人事行政】→【员工考勤】选项。

步骤2 进入【考勤表】表格模板页面，可以看到系统提供了很多考勤表的模板，根据实际需要单击选中的模板。

步骤3 进入模板文件的预览界面，单击右侧或预览页最下方的【立即下载】按钮进行下载，下载并打开表格模板后，直接在表格中修改员工信息即可直接通过表格的套用完成考勤表的制作。

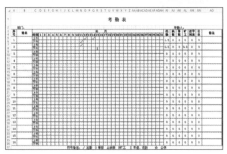

3.WPS 演示模板的套用

例如，通过 WPS 模板库查找"述职报告"演示模板，具体操作步骤如下。

步骤① 在【新建】界面选择【演示】→【职场通用】→【竞聘述职】选项。

步骤② 进入【述职报告】演示模板页面，单击要预览的模板。

步骤③ 进入该模板文件的预览界面，单击右侧或预览页最下方的【立即下载】按钮进行下载，下载并打开演示模板后，

根据需要修改文字内容即可完成述职报告的制作。

提示

以上仅对文字、表格、演示 3 种常用文件类型进行了举例操作说明，其他流程图、思维导图等文件的模板套用步骤与以上步骤相同，根据 WPS Office 所提供的模板和自己的使用需要，选择相应类型的模板文件进行下载并编辑使用即可。

6.4 如何高效地改造模板

WPS Office 提供的模板文件多为常用的通用性文件，在工作和学习中，往往还需要结合实际需求，对所下载的模板文件进行改造，才能真正成为自己所需要的文件。

结合前面案例，对日常办公学习中常用的文字、表格、演示 3 种文件类型分别进行举例操作。

1. 对 WPS 文字模板的改造

修改"绩效考核"文字模板，具体操作步骤如下。

步骤1 搜索并下载"绩效考核"文字模板后，进入该文件的编辑模式，如下图所示。

步骤2 单击【页面布局】→【页面设置】按钮，弹出【页面设置】对话框，根据使用需要进行页边距和装订线等设置，设置完毕，单击【确定】按钮。

步骤3 对文件内容根据需要进行修改，可加上公司名称（本例修改为"华云科技有限公司 员工绩效考核表"），表格中内容可根据需要删减，如下图所示。

步骤4 选择整个表格，单击【开始】→【字体】按钮，弹出【字体】对话框，根据使用需要设置字体、字号等，单击【确定】按钮。

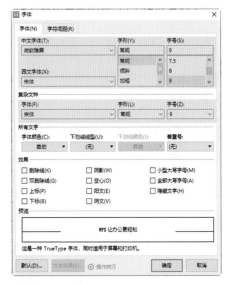

步骤5 修改完毕后，选择【文件】→【保存】或【文件】→【另存为】→【WPS 文字 文件】选项，保存文档。

2. 对 WPS 表格模板的改造

修改"考勤表"表格模板，具体操作步骤如下。

步骤1 完成所选择的"考勤表"表格模板下载后，进入该文件的编辑模式，如下图所示。

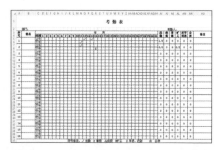

步骤2 对表格进行编辑，选择【页面布局】→【页面设置】选项，弹出【页面设置】对话框，对表格进行页面和页边距等设置，设置完毕，单击【确定】按钮。

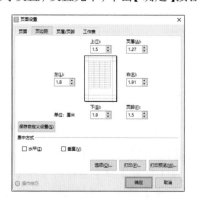

步骤3 选中需要编辑的单元格区域，选择【文件】→【格式】选项，在右侧下拉菜单中选择【行】或【列】选项，分别对表格的行高或列宽进行设置，设置完毕，单击【确定】按钮。

步骤4 选中需要删除的行或列，单击鼠标右键，在弹出的菜单中选择【删除】命令即可。

步骤5 根据使用需要，在表格中输入公司名称（本例修改为"华云科技有限公司"）等内容，将表格修改成自己所需要的文件内容，如下页图所示。

步骤 6 修改完毕后，选择【文件】→【另存为】→【WPS 表格 文件】选项，在弹出的【另存文件】对话框中，选择要保存的路径，在【文件名】中输入自定义的文件名，【文件类型】选择"WPS 表格 文件（*.et）"，单击【保存】按钮，即可保存好修改完毕的文件。

3. 对 WPS 演示模板的改造

改造所下载的"述职报告"演示模板的具体操作步骤如下。

步骤 1 完成所选择的"述职报告"演示模板下载后，即可进入该文件的编辑模式，如下图所示。

步骤 2 对演示文稿批量设置字体，选择【开始】→【演示工具】→【批量设置字体】选项。

步骤 3 在弹出的【批量设置字体】对话框中，根据使用需要，对替换范围、选择目标及设置样式等进行相关字体的设置，设置完毕，单击【确定】按钮。

步骤 4 如果需要删除多张不需要的幻灯片，按住【Ctrl】键，用鼠标左键在演示文稿左侧的大纲窗格中依次单击选择要删除的幻灯片后，再按【Delete】键或单击鼠标右键，在弹出的快捷菜单中选择【删除幻灯片】命令，如下图所示。

步骤 5 根据使用需要，在演示文稿中添加公司名称（本例修改为"华云科技有限公司"）等内容，将演示文稿内容修改成所需要的文件内容，如下图所示。

步骤 6 修改完毕后，选择【文件】→【保存】或【另存为】选项，在弹出的【另存文件】对话框中，选择要保存的路径，在【文件名】中输入自定义的文件名，【文件类型】选择"WPS 演示文件（*.dps）"，单击【保存】按钮，即可保存修改完毕的文件。

6.5　善于拆分模板，打造自己的专属库

　　尽管 WPS Office 提供了各种海量的模板，但是在日常办公的时候，经常会使用一些特定的模板，例如，模板里面可能涉及一些固定格式或公司相关文字、公司 Logo 等内容。如果每次使用都重新设置的话，就会比较耗时耗力，降低工作效率。这就需要将经常使用的文件类型按照使用需求保存成一个自己专属的模板文件，以后每次应用该类型文件时只需打开模板进行文件编辑就可以了。那如何打造自己的专属模板库呢？

1. 模板文件库的建立

　　WPS 模板文件一般默认保存路径分为本地设备和我的云文档。对于经常使用的模板文件，根据文件类型和使用需求，按照个人使用喜好，建立不同的文件夹（例如，公司常用文件和个人常用文件等），以便更好地查找和使用。

　　（1）本地设备

　　在个人计算机中建立模板库可以按照以下原则分类。

　　1）公司常用文件夹和个人常用文件夹。

　　2）按文档类型。

　　3）按文档用途。

　　4）按使用领域。

　　（2）我的云文档

　　WPS Office 提供了更加便利的云上

文档操作，只需将修改好的模板文件保存至【我的云文档】的【我的模板】文件夹中，同样，也可以在【我的模板】中，根据模板文件的类型和使用需要，建立不同的文件夹以进行区分，并方便使用者随时随地下载自己所建立的模板库文件进行文档编辑。

2. 使用模板库文件

在模板文件保存后，如果要使用该模板文件时，该如何操作呢？以前面所保存的模板文件举例说明。

（1）本地设备

打开本地设备中的固定模板库中模板文件的具体操作步骤如下。

步骤1 在打开的 WPS 文字界面，选择【文件】→【本机上的模板】选项，如下图所示。

步骤2 弹出【模板】对话框，可以看到之前所保存的各类模板文件库，双击所选择的模板文件库，进入模板库，选择所需要的模板文件，单击【确定】按钮。

步骤3 打开该模板文件，进行适当的编辑，如下图所示。

提示

对于打开本地设备中其他文件类型的模板文件（例如，表格文件、演示文稿等），可根据文件类型不同，在打开不同类型的文件界面后，按照以上步骤同样操作，就可以找到本地相应的模板进行编辑了。

（2）我的云文档

打开保存在【我的云文档】中的"年终总结"模板文件的具体操作步骤如下。

步骤 1　在打开的 WPS Office【首页】界面，选择【文档】→【我的云文档】→【我的模板】选项，如下图所示。

步骤 2　选中【我的模板】文件夹，单击鼠标右键，在弹出的菜单中选择【打开】命令，如下图所示。

可看到之前所保存的各种文件类型的模板，如下图所示。

步骤 3　选择所要使用的模板文件，单击鼠标右键，在弹出的菜单中选择【打开】命令。

步骤 4　打开所选的模板文件，可以进行相应的文档编辑。

3. 拆分使用

如果 WPS 文档中有好看的图片、图表、流程图、思维导图及图标等元素，可以将其单独分类存储。

案例总结及注意事项

（1）一般文件的保存类型和模板文件的保存类型不同，要注意区分，否则，如果类型设置错误，将不能保存至固定模板库中。

（2）对于本地设备的模板库，需要根据所打开的文件类型，才能查找相同类型的模板文件；而"我的云文档"则可以随时查看和打开不同类型的模板文件。

WPS Office 除了提供 WPS 文字、WPS 表格和 WPS 演示等常用工具外，还提供了 PDF、流程图、脑图、图片设计及表单等工具，使用这些工具，可以处理办公中的很多大问题。

第 7 章

巧用 WPS Office 工具
解决大问题

- 如何绘制好看又实用的流程图和思维导图？
- 如何设计出美观的图片？
- 如何制作表单？

7.1 让工作、学习流程更简单——流程图

流程图与文字相比，具有直观形象和易于理解的优点，它可以直观地描述一个工作过程的具体步骤，在工作中使用流程图可以让思路更清晰、逻辑更清楚，有助于发现和解决问题。

绘制流程图时【编辑】选项卡下各功能介绍如下。

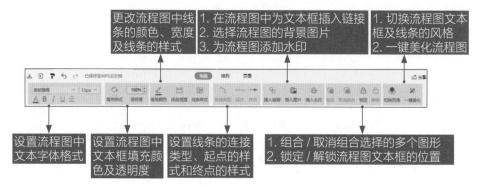

本节以绘制"调查业务流程"为例介绍流程图的绘制、美化操作。

本节素材结果文件
无
结果\ch07\调查业务流程.pos

7.1.1 绘制流程图

绘制流程图时，可在左侧的图形区域选择图形，直接拖曳至绘图区域，而线条在添加图形后，可以直接绘制，具体操作步骤如下。

步骤 1 在【新建】页面，选择【流程图】选项，单击【新建空白图】缩略图，如右上图所示。

步骤 2 新建一个空白流程图文档，其中顶部为功能区，左侧为图形管理窗格，中间的空白区域为绘图区域，如下图所示。

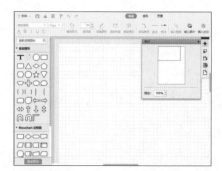

提示

　　用户单击【更多图形】按钮，可以根据需求，在该窗格中添加更多图形分类，方便绘制流程图。

步骤3 将鼠标指针放在左侧图形上方，将会显示每个图形代表的含义，例如，选中左侧【Flowchart 流程图】中的"预备"图标，提示如下图所示。

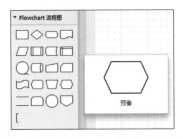

步骤4 选中该形状，按住鼠标左键并拖曳至绘图区域，松开鼠标，完成图形的添加，之后双击形状便可在图形中输入文字，如这里输入"识别对象"，按【Ctrl+Enter】组合键或单击编辑框空白处，完成文字的添加，如下图所示。

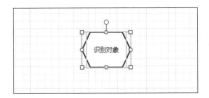

步骤5 将鼠标指针放在图形边框下方，当鼠标指针变为十字形时，按住鼠标左键拖曳至合适位置处，释放鼠标左键，形成箭头连线，如下图所示。

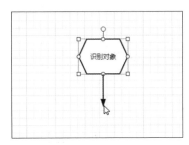

步骤6 释放鼠标左键后，会显示接下来可能需要的形状，可直接在推荐列表中单击要使用的图形，完成图形的添加，如下图所示。

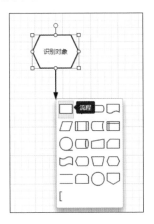

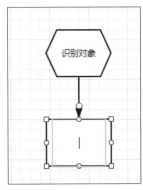

步骤 7 输入"调查业务流程"文本，将鼠标指针放在图形四个角的控制点上，当鼠标指针变为倾斜的双向箭头时，按住鼠标左键，可调整形状的大小，将鼠标指针放在图形上方，当指针变为双向十字箭头时，按住鼠标左键拖曳可调整形状的位置。效果如下图所示。

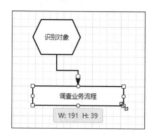

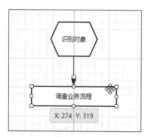

步骤 8 将鼠标指针放在图形边框下方，绘制箭头连线，然后在右侧显示的图形框中，添加【圆角矩形】图形，输入"初稿"，如下图所示。

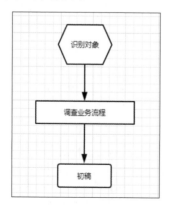

步骤 9 使用同样的方法，绘制其他流程

图形和文字，效果如下图所示。

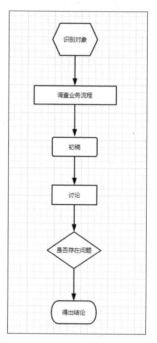

步骤 10 在右侧绘制一个"修改"图形，然后绘制两条箭头连线，如下图所示。

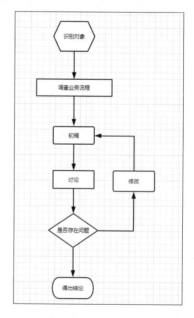

步骤 11 再次绘制两个矩形形状，分别输入"是""否"，如下图所示。

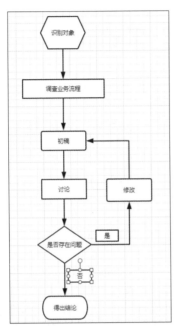

步骤 12 选择包含"是"文本的矩形形状，选择【编辑】→【线条颜色】→【白色】选项，设置边框线条的颜色为白色，如下图所示。

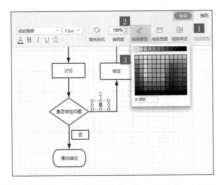

步骤 13 使用同样的方法，更改"是"文本的矩形形状的边框线条颜色为白色，完成流程图的绘制，最终效果如右上图所示。

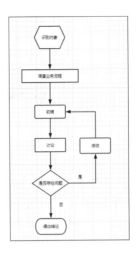

7.1.2 流程图的美化

流程图绘制完成后，效果是黑白的，可以通过设置字体、填充颜色、图形对齐排列等方式，对流程图进行美化，具体操作步骤如下。

步骤 1 选择"识别对象"图形，单击【编辑】→【填充样式】按钮，在下拉列表中选择合适的填充颜色，效果如下图所示。

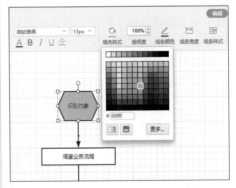

步骤 2 选择箭头连接线，单击【线条颜色】按钮，在弹出的颜色面板中选择合适的颜色，效果如下页图所示。

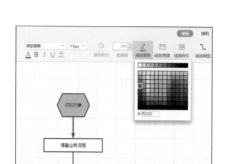

步骤 3 如果要更改线条的宽度和样式，可单击【线条宽度】和【线条样式】按钮，在弹出的下拉列表中选择对应的样式，设置【线条宽度】为"4px"，【线条样式】为点线后的效果如下图所示。

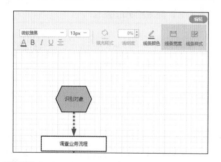

步骤 4 软件内置了多种主题风格，方便直接套用。先撤销 **步骤 1** ~ **步骤 3** 设置的样式，选择任意图形，然后单击【编辑】→【切换风格】按钮，在弹出的列表中选择合适的风格，应用选择风格后的效果如下图所示。

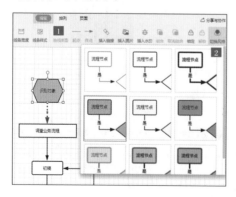

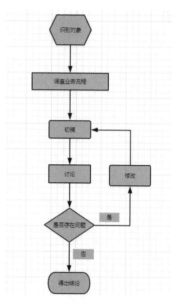

步骤 5 单击【一键美化】按钮，可优化图形布局、连线和大小，如果流程图中细节处没有对齐，使用【一键美化】可快速矫正矫正线条不直、图形没对齐等排版问题，如下图所示。

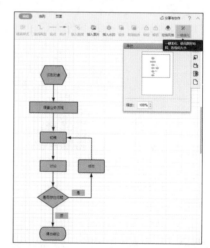

步骤 6 制作完成后，可单击【文件】→【另存为 / 导出】选项，可以将图形转换成多种格式，可根据需求进行选择，如这里选择"POS 文件"格式，可以方便下

次编辑，如下图所示。

步骤7 在弹出的【另存为】对话框中，选择保存路径并设置文件名后，单击【保存】按钮即可保存，如下图所示。

7.1.3 使用模板快速绘制流程图

　　在 WPS Office 中，提供了海量的流程图模板，用户可以根据需求，搜索和下载合适的模板，然后进行修改，满足自己的工作使用。下面以套用模板制作一个"招聘流程图"为例，具体操作步骤如下。

步骤1 在【新建】窗格选择【流程图】选项，在搜索框中输入"流程"，单击【搜索】按钮，进入【搜索结果】界面，如右上图所示。

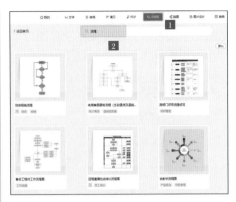

步骤2 选择合适的模板，单击【使用该模板】按钮，如下图所示。

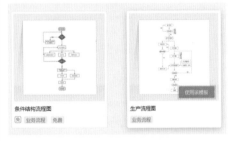

步骤3 打开流程图模板后，效果如下图所示。

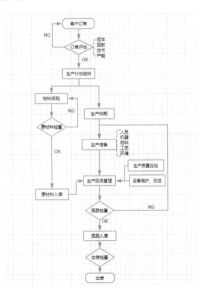

步骤4 根据需要修改内容并调整样式，效果如下图所示。最终保存流程图即可完成使用模板快速创建流程图的操作。

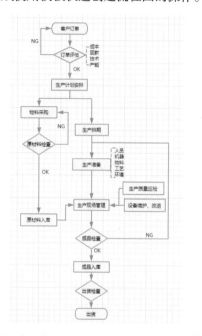

 案例总结及注意事项

（1）如果要生成透明背景的流程图图片，可选择导出为"PNG 格式"的图片。

（2）使用【切换风格】功能美化流程图后，可根据需要单独调整部分图形的显示效果。

7.2 让思维更清晰——脑图

脑图，也称为思维导图，可以用脑图制作学习计划、旅行计划、活动筹划等，作用是让你轻松掌握重点与重点间的逻辑关系，激发联想和创意，可以将零散的内容构建成知识网。

绘制脑图时【样式】选项卡下各功能介绍如下。

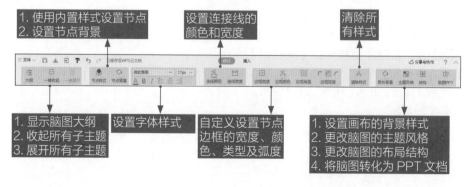

绘制脑图时【插入】选项卡下各功能介绍如下。

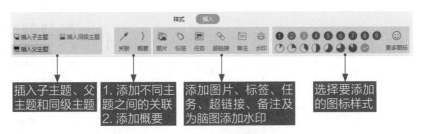

插入子主题、父主题和同级主题 | 1. 添加不同主题之间的关联 2. 添加概要 | 添加图片、标签、任务、超链接、备注及为脑图添加水印 | 选择要添加的图标样式

本节以绘制"项目计划"脑图为例介绍脑图的绘制、美化操作。

本节素材结果文件
素材 \ch07\品牌营销 .mm
结果 \ch07\项目计划 .pos、品牌营销 .pos

7.2.1 制作脑图

下面以制作项目计划脑图为例，介绍使用 WPS Office 制作脑图的具体操作步骤。

步骤1 单击【新建】按钮，选择【脑图】选项，在【推荐模板】界面选择【新建空白图】选项。

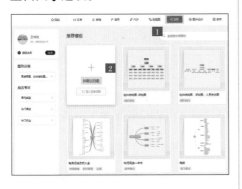

提示

用户可以根据需要搜索和下载模板，并在其基础上进行修改使用。

步骤2 创建一个空白脑图文档，画布中会显示一个"未命名文件（1）"的主题框，双击主题框，修改主题内容为"项目计划"，按【Enter】键，如下图所示。

步骤3 按【Tab】键，即可在主题框后面插入子主题，也可以选择"项目计划"主题，单击【插入】→【插入子主题】

按钮插入子主题，效果如下图所示。

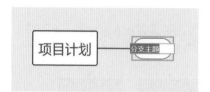

步骤4 输入子主题内容"需求讨论"，效果如下图所示。

步骤5 选择"需求讨论"子主题，单击【插入】→【更多图标】按钮，在弹出的下拉列表中选择图标，如下图所示。

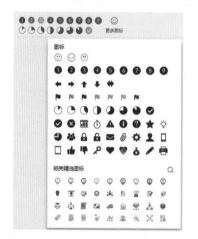

步骤6 如果下拉列表中没有合适的图标，可以在【稻壳精选图标】右侧的搜索框中输入搜索的关键词，如输入"讨论"，按【Enter】键搜索，然后选择要插入的图标，即可插入子主题框中，如右上图所示。

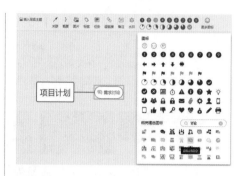

提示

如果要删除图标，可以在子主题框中单击插入的图标，在打开的界面中单击 × 图标。

步骤7 按【Tab】键，创建子主题并输入内容，如下图所示。

步骤8 按【Enter】键，创建其他同级主题并输入内容，效果如下图所示。

步骤 9 使用同样的方法，绘制其他主题，效果如下图所示。

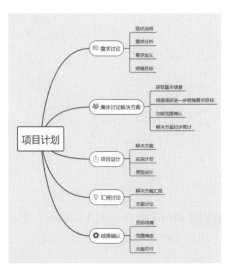

步骤 10 如果要更改脑图的结构，可以单击【样式】→【结构】按钮，在弹出的菜单中可以看到包含左右分布、右侧分布、左侧分布、树状组织结构图和组织结构图等几个选项，这里选择【左右分布】选项，效果如下图所示。

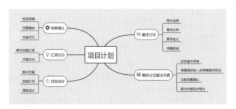

步骤 11 在【样式】选项卡下可以更改

节点样式、节点背景及连线和边框的样式。也可以直接单击【样式】→【主题风格】按钮，在弹出的列表中选择合适的主题风格，如下图所示。

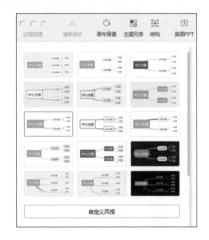

提示

　　如果手动修改了节点样式，在应用内置的主题风格时，会提醒是否保留手动设置的样式，如果保留则单击【保留手动设置的样式】按钮，不保留则单击【覆盖】按钮。

　　此时，即可应用所选的主题风格，效果如下图所示。

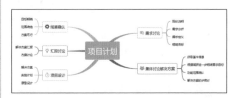

步骤 12 选择【文件】→【另存为 / 导出】

选项，在右侧列表中可以选择要保存的格式，如这里选择【POS 文件】选项，如下图所示。

步骤 13 弹出【另存为】对话框，选择保存的位置，设置文件名后单击【保存】按钮即可保存，如下图所示。

7.2.2 导入并编辑其他软件绘制的思维导图

WPS Office 除了支持 POS 格式外，还可以导入 Xmind、Mindmanager、FreeMind、Kity Minder 等常用思维导图软件绘制的文件，还可以对其进行编辑。

步骤 1 单击【新建】按钮，选择【脑图】选项，在【推荐模板】界面单击【新建

空白图】中的【导入思维导图】按钮，如下图所示。

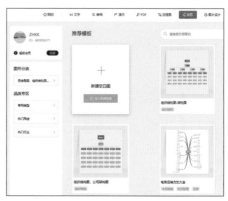

步骤 2 弹出【文件导入】对话框，单击【添加文件】按钮，如下图所示。

步骤 3 弹出【打开文件】对话框，选择"素材 \ch07\ 品牌营销 .mm"文件，然后单击【打开】按钮，如下图所示。

打开该思维导图后的效果如下页

图所示。

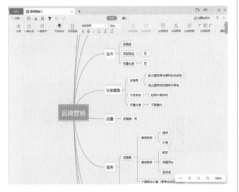

步骤 4 用户可根据需要修改脑图的内容并美化，修改后的效果如下图所示。

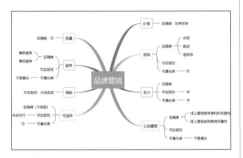

步骤 5 选择【文件】→【另存为/导出】→【POS 文件】选项，对文件执行保存操作，在弹出的【另存为】对话框中，选择保存位置并设置文件名后，单击【保存】按钮进行文件保存，如下图所示。

案例总结及注意事项

（1）在制作脑图后，如果要统一修改某一级别子主题的字体样式，可以先设置一个子主题，然后单击快速访问工具栏中的【格式化】按钮，再选择其他子主题，即可快速将设置好的样式应用至其他子主题中。

（2）脑图的子主题支持跨文件复制，会自动应用新文件的样式。

（3）在使用内置样式美化脑图时，可选择保留手动设置的样式。

W 7.3 快速设计出好看的图片——图片设计

生活及工作中，经常需要设计一些图片，如营销海报、新媒体配图、文档封面、PPT 封面、宣传单、邀请卡、名片、插画、贺卡、手机壁纸及各种 Logo 和图像等。对于那些不懂设计或不会图像设计软件的人员来说，设计图片是一件困难的事情。

但 WPS Office 的"图片设计"功能，提供了大量的图片设计素材及模板。就算不懂设计，不会图像设计软件，也能轻松制作出好看的图片，满足生活工作需求。【金山海报】界面包含的内容如下页图所示。

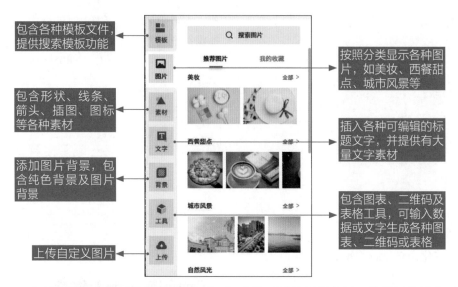

包含各种模板文件，提供搜索模板功能

按照分类显示各种图片，如美妆、西餐甜点、城市风景等

包含形状、线条、箭头、插图、图标等各种素材

插入各种可编辑的标题文字，并提供有大量文字素材

添加图片背景，包含纯色背景及图片背景

包含图表、二维码及表格工具，可输入数据或文字生成各种图表、二维码或表格

上传自定义图片

本节以制作一个"春节放假通知"为例，介绍使用【图片设计】工具制作图片的方法。

本节素材结果文件
无
结果\ch07\春节放假通知.png

步骤1 单击【新建】按钮，选择【图片设计】选项，可以看到 WPS Office 提供的各种模板，用户可新建空白画布，重新设计图片，也可以通过修改模板快速制作春节放假通知图片，在搜索框中输入"春节放假通知"，如下图所示。

步骤2 按【Enter】键，进入搜索结果页面，用户可在【全部场景】下拉列表中选择不同的场景应用。将鼠标指针移至要下载的图片缩略图上，单击【使用该模板】按钮，如下图所示。

步骤3 进入【金山海报－编辑】页面，如下页图所示。可以看到模板是由各个分层素材组合而成，用户可以选择不同的素材进行修改或删除。

步骤 4 选择上方的灯笼，按【Delete】键将其删除，使用同样的方法删除下方的联系电话和 Logo，如下图所示。

步骤 5 在左侧选择【素材】选项，并在搜索框中输入关键词，如输入"牛"，按【Enter】键，即可显示搜索结果，如下图所示。

步骤 6 单击要使用的素材，即可应用到模板中，使用鼠标拖曳素材四周的控制点，调整素材的大小和位置，如下图所示。

步骤 7 选择插入的图片并单击鼠标右键，选择【下移一层】选项，将图片下移一层，如下页图所示。

步骤8 双击文字分层,可修改文字内容,另外,也可以通过顶部编辑栏,设置字体、字体大小及颜色等,如下图所示。

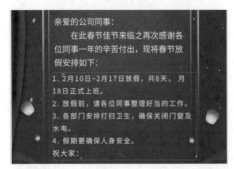

步骤9 在左侧选择【文字】选项,选择

合适的文字类型,并更改颜色为"白色",效果如下图所示。

步骤10 单击界面右上角的【保存并下载】下拉按钮,在弹出的对话框中选择要保存的类型,单击【下载】按钮,根据提示选择保存路径即可。

案例总结及注意事项

（1）如果使用的模板中有商用版权字体,则是无法下载使用的,可以修改相应的字体。

（2）文字素材是以组合的形式显示的,如果要修改单个文字,可以先取消组合,修改后再重新组合。

7.4 高效采集数据——表单

表单主要用于采集数据，根据采集的数据可以帮助企事业单位或个人作出决策。

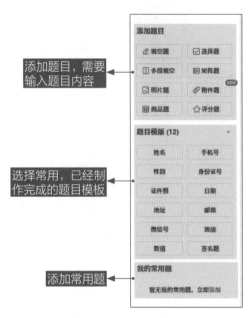

添加题目，需要输入题目内容

选择常用，已经制作完成的题目模板

添加常用题

7.4.1 制作表单

在采集数据之前，首先要制作表单，可根据需求添加需要采集的问题，本节以制作一个"客户意见收集表单"为例，介绍制作表单的方法。具体操作步骤如下。

步骤1 单击【新建】按钮，选择【表单】选项，用户可以新建空白表单，也可以应用表单模板，左侧显示了模板的类型，右侧为模板缩略图列表，这里选择【调查问卷】区域下的【客户意见收集表】

选项，单击【点击预览】按钮。

步骤2 在预览界面单击【立即使用】按钮，如下页图所示。

步骤3 进入表单编辑界面，双击标题区域，即可输入标题，如下图所示。

步骤4 单击左侧【题目模板】区域的【姓名】选项，即可在表单最下方显示"姓名"题目。

步骤5 将鼠标指针放在"姓名"题目上方，当鼠标指针变为 ✤ 形状时，按住鼠标左键向上拖曳，将其移动至第一题的上方，效果如右上图所示。

步骤6 在回答区下方可单击【填写限制】按钮，在弹出的下拉列表中可以为填写者设置答题限制，如下图所示。

步骤7 如果要设置填写次数、权限等，可单击右侧的【设置】按钮 ⚙，如下图所示。

步骤 8 在弹出的【设置】对话框中，可以设置表单状态、填写者身份、填写权限和填写通知等，如下图所示。

步骤 9 选择第 2 题，用户可根据需要添加或删除选项，单击选项后的 × 按钮可删除选项，单击【添加选项】按钮可添加新选项，如下图所示。

步骤 10 设置完成后，单击【完成创建】按钮，如下图所示。

步骤 11 弹出"创建成功"对话框，此时可以设置填写人，也可以选择邀请方式，发送给被邀请人，如链接、二维码、海报、微信及 QQ，将生成的链接或二维码分享给填写人即可。

7.4.2 创建收集群

通过创建收集群，无须逐个邀请，可直接发给群内所有人，方便数据的采集，具体操作步骤如下。

步骤 1 接上例。在弹出的"创建成功"对话框中，单击【指定收集群可填】单选按钮，即可弹出【发起群收集】对话框，单击【立即发起】按钮，如下图所示。

步骤 2 弹出【选择收集群】对话框，单击【新建收集群】按钮。

步骤3 弹出【新建收集群】对话框，输入收集群名称，然后单击【确定】按钮，如下图所示。

步骤4 进入【选择收集群】对话框，选择收集群后，单击【确定】按钮，如下图所示。

步骤5 弹出右上图所示对话框，显示了已加入的成员列表，此时可通过链接邀请或从联系人中添加两种方式添加成员，如这里选择【通过邀请链接添加】选项。

步骤6 此时下方会弹出链接信息，单击【复制】按钮，可通过微信、QQ 等形式发送给被邀请人。被邀请人单击该链接即可加入收集群，且【已加入的成员】列表中会显示加入的成员情况，添加成员完成后，可单击右上角的【关闭】按钮，如下图所示。

步骤7 返回到【选择收集群】对话框，单击【确定】按钮。

7.4.3 填写表单

下面以收集表单为例，介绍填写表单的方法，具体操作步骤如下。

步骤1 被邀请人通过收到的链接或二维码进入表单填写页面，如下图所示。

步骤2 在表单中填写信息，然后单击【提交】按钮，如下图所示。

步骤3 此时弹出【提交内容】提示框，单击【确定】按钮，即可完成表单的填写，如右上图所示。

7.4.4 查看和汇总表单数据

数据收集完成后，可使用以下方法查看和汇总表单上的数据，具体操作步骤如下。

步骤1 打开 WPS Office，在【首页】页面单击【文档】→【我的云文档】→【应用】→【我的表单】文件夹，即可看到一个表格文件和一个表单文件，其中表格文件是收集数据的汇总表，如下图所示。

步骤2 单击表单文件名称，即可打开【金山表单】窗格，【数据统计】选项卡显示了表单收集的汇总数据，如下图所示。

步骤3 单击【答卷详情】选项卡，可以查看各份表单。如果要查看汇总表格，可单击【查看数据汇总表】，如下图所示。

提示

另外，【表单问题】选项卡显示了表单问题，也可以进行修改；【设置】选项卡可以设置截止时间、填写权限及通知等。

步骤4 打开表格窗格，上面汇总了详细数据信息，如下图所示。

！ 案例总结及注意事项

（1）制作表单时，问题的设计要合理、直观，要让调查者能直接选择答案，不能有歧义。

（2）为了数据的合理性，可以设置截止时间、填写权限等。

（3）如果需要调查者填写身份证号、手机号等包含个人信息的内容，一定要注意数据的保护，防止泄露。

WPS Office 提供了很多功能强大的特色功能，能帮助我们提升办公效率，轻松解决生活和工作中遇到的办公难题。

第 8 章

让你工作高效的 WPS Office 特色功能

- 如何把图片中的文字录入文档?
- 如何快速把多个文档合并到一起?
- 要把屏幕操作录下来，怎么操作?
- WPS Office 有哪些更快捷的特殊功能?

8.1 识别图片中的文字——图片转文字

WPS Office 是一款功能强大的软件，除了前几章介绍的功能，WPS Office 还有很多特色功能。

WPS 文字特色功能选项卡各选项功能如下。

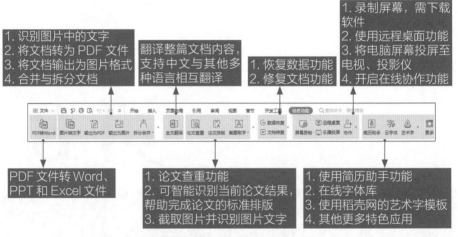

WPS 表格特色功能选项卡各选项功能如下。

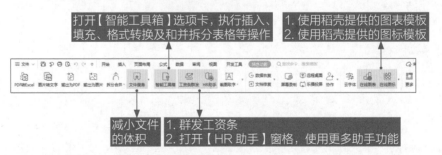

WPS 演示特色功能选项卡各选项功能如下。

1. 将 PPT 输出为 H5
2. 在 PPT 中加入各种教学工具，如选择题、连线题等各种题型，并且可以插入游戏，如拼图、连连看、汉字卡片等

使用各种总结模板

1. 在 PPT 中绘制各种屏幕涂鸦
2. 添加 WPS 弹幕

使用 WPS Office 组件可以批量将多张图片转为文字，大大节省文本输入时间，如将手机拍摄或扫描的文字图片中的文字转为可复制的文字。下面以 WPS 文字为例介绍，具体操作步骤如下。

本节素材结果文件
素材 \ch08\ 图片转文字 .png
结果 \ch08\ 图片转文字 .wps

步骤 1 在 WPS 文字文稿窗口中，单击【特色功能】→【图片转文字】按钮，如下图所示。

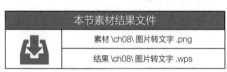

步骤 2 弹出【图片转文字】窗口，单击对话框中间的添加图片图标，如下图所示。

提示

用户也可以将要转文字的图片，单个或全部拖曳至对话框中间区域，完成添加图片的操作。

步骤 3 弹出【添加图片】对话框，选择要转换的图片，然后单击【打开】按钮，如下图所示。

步骤 4 返回【图片转文字】窗口，默认选中【提取文字】选项，会自动识别图片中的文字信息，并显示在右侧窗格中，在右下角可以设置转换的格式，如文档格式、记事本格式、表格格式，默认为"docx"格式，单击【开始转换】按钮，如下图所示。

提示

　　如果仅为提取图片中的文字，可以直接在右侧窗口中进行复制；如果希望完整保留文字样式及版式，可以单击【转换文档】按钮；如果希望保留版式，将其转换为表格，可以单击【转换表格】按钮。

步骤5 弹出【图片转文字】对话框，可以设置输出文档的名称及输出的位置，然后单击【确定】按钮。

步骤6 转换完成后，弹出下图所示对话框，单击【打开文件】按钮。

步骤7 打开该文档，如下图所示。此时可以对比原图片进行文字核对，避免因为原图清晰度、字迹等问题，出现错误。

案例总结及注意事项

　　将图片转换为文字后，图片中的文字格式不会保留，并且会出现乱行，因此，转为文字后需要根据情况调整文字位置及样式。

8.2 更便捷地识别文字——截图取字

　　除了将图片转文字外，使用 WPS Office 可以截图并识别出图片中的文字，只识别一张图时可以使用截图取字功能。一次操作便可快速提取图片中的文字内容，使用 WPS Office 将图片转换为文字的具体操作步骤如下。

本节素材结果文件
素材 \ch08\ 截图取字 .wps
结果 \ch08\ 截图取字 .wps

步骤1 打开"截图取字 .wps"文档，选择【特色应用】→【截图取字】→【直接截图取字】选项。

步骤2 用鼠标选择要截取文字的图片，单击【提取文字】，弹出【WPS 截图取字】对话框，提示"正在识别和提取文字"。

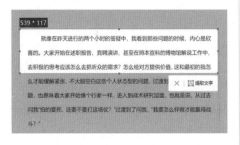

步骤3 等待几秒钟，图片文字提取完成，单击【复制】按钮复制文字。

步骤4 返回"截图取字 .wps"文档，将光标移动到文档的合适位置，按【Ctrl+V】快捷键，结果如下图所示。

步骤5 删除文档中的图片，调整文字的版式，至此图片转换为文字操作完成，最终效果如下图所示。

⚠ 案例总结及注意事项

把图片转换为文字时，有时候会出现一些文字乱码，这时需要根据图片对乱码文字进行修正和补充。

8.3 将文档存储为图片格式——输出为图片

为了便于查看文档内容，可以将文档输出为图片格式，下面以 WPS 表格为例，介绍将文档存储为图片格式的具体操作步骤。

本节素材结果文件
素材 \ch08\ 产品销售表 .et
结果 \ch08\ 产品销售表 .png

步骤 1 打开"产品销售表 .et"文档，单击【特色功能】→【输出为图片】按钮，如下图所示。

步骤 2 弹出【输出为图片】对话框，根据需要设置水印、输出页数、输出格式及输出品质，并设置输出目录，单击【输出】按钮。

步骤 3 等待几秒钟，输出图片完成后，单击【打开】按钮，即可打开输出的图片，如下图所示。

8.4 合并与拆分文档——拆分合并

在处理文档时，会需要将文档内容拆分为多个文档或将多个文档合并为一个文档，方便管理归类，内容少的情况下，可以通过复制和粘贴实现。如果内容过多，就会费时费力，还容易出错。利用文档的拆分合并功能，不仅可以拆分文档，还可以合并文档，简单高效。

提示

> 拆分与合并文档时只支持微软 Office 后缀格式的文档及 PDF 格式的文档，.wps、.et、.dps 格式的文档需要另存为 Office 后缀格式的文档。

8.4.1 拆分文档

拆分文档可以将一个文档拆分成多个相互独立的文档，可以按照每几页平均拆分文档，也可以自定义选择页码范围拆分文档，下面以按照自定义页面拆分文档为例介绍，具体操作步骤如下。

本节素材结果文件
素材 \ch08\ 公司年度总结报告 .docx
结果 \ch08\ 拆分文档 \ 公司年度总结报告文件夹

步骤 1 在 WPS 文字窗口中，选择【特色功能】→【拆分合并】→【文档拆分】选项，如下图所示。

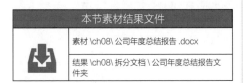

提示

> 菜单选项中含有 👑 标识，表示该功能仅支持 WPS 会员使用。

步骤 2 弹出【文档拆分】对话框，单击对话框中的添加文档图标，也可以直接将要拆分的文档拖曳至对话框中间的空白区域，如下图所示。

步骤 3 弹出【选择文件】对话框，选择需要拆分的文档，如这里选择"素材 \ ch08\ 公司年度总结报告 .docx"文档，单击【打开】按钮，如下图所示。

步骤 4 返回【文档拆分】对话框，单击【下一步】按钮，如下图所示。

步骤 5 在打开的页面中选择拆分方式，【平均拆分】可以设置每多少页保存为一份文档，【选择范围】可以设置页码划分范围，如这里选择【选择范围】单

选项，输入页码划分范围，以英文","分隔，然后选择输出的目录，单击【开始拆分】按钮。

步骤6 此时即可对文档进行检查，然后进行拆分，并显示拆分状态，如下图所示。

步骤7 拆分完成后，弹出下图所示提示框，单击【打开文件夹】按钮。

步骤8 即可打开以文档名称命名的文件夹，并显示拆分的文档，如右上图所示。

8.4.2 合并文档

合并文档可以将多个独立的文档合并为一个文档，合并文档的具体操作步骤如下。

本节素材结果文件
素材 \ch08\ 合并文档 \ 公司年度总结报告 _1.docx~ 公司年度总结报告 _4.docx
结果 \ch08\ 公司年度总结报告 .docx

步骤1 在 WPS 文字窗口中，选择【特色功能】→【拆分合并】→【文档合并】选项，如下图所示。

步骤2 选择要合并的文档，单击【下一步】按钮，如下图所示。

步骤 3 进入下图所示界面，设置合并范围、输出名称及输出目录，单击【开始合并】按钮。

步骤 4 合并完成后，则弹出右上图所示对话框，用户可以查看文件，或者继续合并操作。

提示

　　除了上面介绍的两项输出转换功能外，用户可以单击【特色功能】选项卡下的【更多】按钮，打开【应用中心】对话框，在【输出转换】区域下，可以执行更多的输出转换功能。

8.5 操作对方计算机——远程桌面

　　WPS Office 的远程桌面功能，通过输入对方的识别码 + 访问密码，不需要复杂命令和烦琐的系统配置，即可快速进入远程桌面，更加简单、高效。

　　使用远程桌面既可以让他人控制自己的计算机帮忙解决问题，也可以控制他人的计算机，解决他人遇到的问题。

1. 请求他人远程控制自己的计算机

步骤 1 单击【特色功能】→【远程桌面】

按钮，如下图所示。

步骤 2 弹出【远程桌面】对话框，在【请求远程控制】区域单击【复制识别码及密码】按钮，并将复制后的内容发送给他人，如下页图所示。

步骤3 他人收到识别码及密码后，在【控制对方电脑】区域输入识别码和密码，单击【请求远程控制】按钮，在自己计算机上将会弹出【连接提示】提示框，单击【允许】按钮，对方即可远程控制自己的计算机。

2.远程控制他人的计算机

步骤1 单击【特色功能】→【远程桌面】按钮，如下图所示。

步骤2 弹出【远程桌面】对话框，在【控制对方电脑】区域输入收到的对方的识别码和密码，单击【请求远程控制】按钮，如下图所示。

步骤3 待他人允许后，即可通过自己的计算机远程控制对方的计算机，如下图所示。如果要结束控制，可单击上方的【结束】按钮。

8.6 录制计算机屏幕——屏幕录制

　　使用屏幕录制功能不仅可以录制画面，还可以录制声音，通过屏幕录制功能可以将某项复杂的操作以讲解的形式录制为视频格式，之后将录制好的视频文件发送给用户，可以节约大量重复讲解某项操作的时间。

步骤1 单击【特色功能】→【屏幕录制】按钮，如下页图所示。

步骤2 WPS Office 会自动安装屏幕录制软件，并启动该软件。启动完成，弹出【屏幕录制】对话框，可以录制全屏、选择的区域或固定的区域，也可以通过摄像头录制，单击【开始录制】按钮，如下图所示。

步骤3 开始录制屏幕，并显示录制时间，录制完成，单击【停止】按钮，如右上图所示。

步骤4 录制完成的视频将会显示在【视频列表】区域，选择视频后，在后方会显示5个按钮，单击【播放】按钮可播放录制的视频；单击【编辑】按钮会打开【编辑】界面，可以执行裁剪视频或添加水印等简单的编辑操作；单击【压缩】按钮可以压缩视频文件；单击【打开文件夹】按钮，可打开视频文件存放的文件夹；单击【删除】按钮，可以将录制的视频文件删除。

8.7 帮你搞定专业文字文档——WPS 文字助手

WPS文字提供全文翻译、论文查重、论文排版、文档校对及简历助手等功能，可以帮助用户搞定专业的文字文档。

WPS 文档助手的部分常用功能会显示在【特色功能】选项卡中。

单击 WPS 文字的【特色功能】→【更多】按钮，打开【应用中心】对话框，选择【文档助手】选项，在右侧区域即可看到 WPS 文字的助手功能。

8.7.1 快速且专业地翻译全文

WPS Office 的【全文翻译】功能支持将多种外文与中文的相互翻译，也支持不同外文之间的互相翻译，准确率也较高，且能够保留原文的样式和版式，可以满足用户的日常工作需求。下面以将中文翻译为英文为例介绍。

本节素材结果文件
素材 \ch08\ 公司规章制度 .wps
结果 \ch08\ 公司规章制度 .docx

步骤1 打开要翻译的文档，单击【特色功能】→【全文翻译】按钮，如下图所示。

提示

　　【全文翻译】功能不支持 .wps 格式的文档，需要先另存为 .docx 格式的文档。

步骤2 弹出【全文翻译】对话框，可以设置翻译语言和翻译页数，然后单击【立即翻译】按钮，如下图所示。

提示

　　单击对话框上方的【我的翻译】按钮，可以查看翻译的历史记录。此外，文档中图片上的文字无法直接翻译，需要先识别图片中的文字再进行翻译。

步骤3 翻译完成即可进入下图所示界面，显示了原文和结果预览，单击【下载文档】按钮。

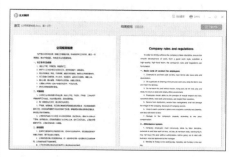

步骤4 文档下载完成后，即可查看翻译后的文档，可以看到保留了原文的样式和版式，如下图所示。

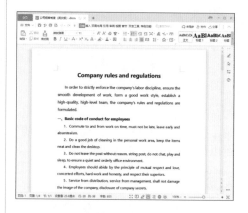

8.7.2 智能完成论文排版

论文内容多，版式复杂，并且较为常用，对于排版新手，排版长论文是一件困难的事情，而 WPS Office 的"论文排版"功能，可以根据指定样式范围，一键进行排版，解决一大部分繁杂的操作，轻松应对各类论文。

本节素材结果文件
素材 \ch08\ 毕业论文 .docx
结果 \ch08\ 毕业论文 .docx

步骤1 打开要排版的论文文档，单击右侧的【论文排版】按钮或【特色功能】→【论文排版】按钮，如下图所示。

步骤2 弹出【论文排版】对话框，可在文本框中输入学校，搜索该校论文模板的样式，也可以选择【上传范文排版】选项，上传范文文档，如下图所示。

步骤3 在搜索框中输入学校名称，单击【开始排版】按钮，如右上图所示。

步骤4 此时软件会自动搜索模板并对文档进行排版，排版完成后显示"排版成功"提示，如下图所示，单击【预览结果】按钮。

步骤5 即会对比原文档及结果文档，滚动鼠标滚轮即可查看。单击【保存结果并打开】按钮，如下图所示。选择保存位置后，即可打开排版后的文档。

8.7.3 用简历助手快速制作优质简历

下面以 WPS 文档的简历助手为例，快速制作一份简历的具体步骤如下。

本节素材结果文件
素材 \ch08\ 简历 .wps
结果 \ch08\ 简历 .wps

步骤1 打开文档"简历.wps"，单击【特色功能】→【简历助手】按钮，在文档界面右侧出现【简历助手】窗格，如下图所示。

步骤2 选择【简历模板】选项卡，根据行业、岗位、工作经验筛选模板，如设置行业为"人事行政"，岗位为"人力资源主管"，工作经验为"3-5 年"，这样就会出现很多符合要求的模板，选择合适的模板，单击【下载模板】按钮，即可在新文档中打开下载的模板，结果如下图所示。

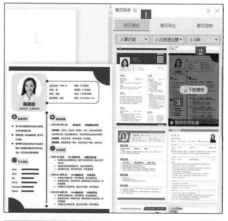

步骤3 根据自己的实际情况，修改简历的内容，结果如下页图所示。

8.7.4 用文档校对助手检查文档错误

下面以文档校对为例，介绍使用 WPS 文字的文档校对功能检查文档错误的具体

操作步骤。

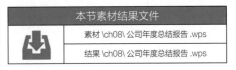

本节素材结果文件
素材 \ch08\ 公司年度总结报告 .wps
结果 \ch08\ 公司年度总结报告 .wps

步骤 1 打开文档"公司年度总结报告 .wps"，单击【特色功能】→【更多】按钮，打开【应用中心】对话框，单击【文档助手】→【文档校对】按钮，如下图所示。

步骤 2 弹出【WPS 文档校对】对话框，显示出文档的统计信息，单击【开始校对】按钮，如下图所示。

步骤 3 可以看到"所属领域"的检查结果，单击【下一步】按钮。

单击【马上修正文档】按钮。

步骤4 可以看到 WPS 文档校对结果，

步骤5 在打开的【文档校对】窗格中，即可看到文档中可能存在的错误，根据需要逐个检查，不需要修改的单击【忽略错词】按钮，需要替换的单击【替换错误】按钮，完成文档的校对。

8.8 帮你搞定专业表格文档——WPS 表格助手

WPS 表格提供了智能工具箱、工资条群发、财务助手、HR 助手及演示图表等功能，可以帮助用户搞定专业的表格文档。

单击 WPS 表格的【特色功能】→【更多】按钮，打开【应用中心】对话框，选择【文档助手】选项，在右侧区域即可看到 WPS 表格的助手功能。

8.8.1 高效省时表格处理工具——智能工具箱

WPS 表格的智能工具箱提供的表格制作、数据输入、数据处理及数据分析等多项功能，可以让用户将烦琐或难以实现的操作，变得更加简单高效。

在 WPS 表格界面，单击【特殊功能】→【智能工具箱】按钮，如下图所示。

可以打开【智能工具箱】选项卡，即可看到其集成了【插入】【填充】【删除】【格式】【计算】【文本】【目录】【数据对比】【高级分列】【合并表格】和【拆分表格】等 11 项功能按钮，如下图所示。单击任意一个按钮，即可弹出相应的下拉菜单，用户可根据需要进行操作。

本节素材结果文件
素材 \ch08\ 插入斜线表头 .et、分列 .et
结果 \ch08\ 插入斜线表头 .et、分列 .et

1. 插入斜线表头

如果需要制作包含斜线表头的表格，需要先设置斜线，再输入表头内容，WPS 智能工具箱提供的【插入斜线表头】功能，可以快速地添加斜线和表头内容，具体操作步骤如下。

步骤1 打开素材文件，选择 A1 单元格，选择【智能工具箱】→【插入】→【插入斜线表头】选项，如下图所示。

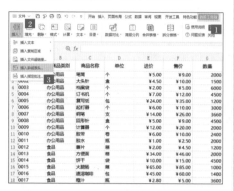

步骤2 弹出【插入斜线表头】对话框，在【行标题】和【列标题】文本框中输入表头名称，单击【确定】按钮，完成斜线表头的绘制，效果如下图所示。

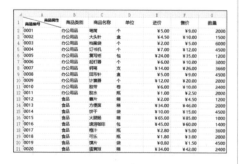

2. 高级分列

在工作中经常会遇到从不同企业软件导入 WPS Office 的数据，不同软件

系统，格式是不一致的，这里就需要对这些数据进行整理，将其分割开至不同单元格中，方便计算。这时可以使用分列功能，使用【智能工具箱】下的【高级分列】功能，在设置条件后，可以一键分列表格数据，具体操作步骤如下。

步骤1 打开"分列.et"素材文件，选择要分列的单元格，单击【智能工具箱】→【高级分列】按钮。

步骤2 弹出【高级分列】对话框，选择【遇到 就分割】单选项，输入"–"，单击【确定】按钮，如下图所示。

步骤3 快速分割数据后，根据需要美化表格，最终效果如下图所示。

	A	B	C
1	产品名称		
2	48023	5双A4门框	1584
3	48021	5双A5门框	1000
4	46026	5双A门框	2500
5	36013	5双A门框	1800
6	48018	2双C门框	3400
7	3611	2卫生间门	1500

案例总结及注意事项

（1）单击【智能工具箱】→【使用说明】按钮，在弹出的【使用说明】对话框中，选择左侧功能，即可查看其使用方法，如下图所示。

（2）智能工具箱中的部分功能与WPS表格其他选项卡中的功能有重合，但智能工具箱操作更便捷，熟练掌握智能工具箱中的功能，是提高办公效率的关键。

8.8.2 一键群发工资条

发放工资条是公司 HR 或财务人员每月必不可少的工作，复杂且费时，使用WPS表格的【工资条群发】功能，可以直接将每位员工的工资条分别发送到该员工的工作邮箱中，既省时省力，又能节省办公资源。

使用【工资条群发】功能发放工资条之前，要确保工资表制作完整，表格内必须包含姓名和邮箱两个必备信息，如下图所示。

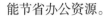

	本节素材结果文件
	素材 \ch08\ 群发工资条 .xlsx
	结果 \ch08\ 群发工资条 .xlsx

群发工资条的具体操作步骤如下。

步骤1 打开素材文件，单击【特色功能】→【工资条群发】按钮，如下图所示。

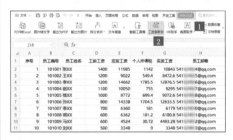

步骤2 弹出【群发工资条】对话框，进入【导入表格】界面，单击【导入工资表】按钮，如下图所示。

提示

　　　导入的工资表仅支持 .xls、.xlsx 和 .csv 格式。

步骤3 弹出【打开工资表】对话框，选择要导入的工资表文件，单击【打开】按钮，如下图所示。

步骤4 返回【群发工资条】对话框，进入【智能解析】界面，会自动解析表格内容，此时需要查看字段与数据是否正确，如有错误可修改原工资表格，重新导入；如果正确，单击【下一步】按钮，如下图所示。

步骤5 进入【编辑发送】界面，用户可以选择要发送的字段名称、编辑正文内容及设置横竖屏等。设置完成后，单击【发件人设置】按钮，如右上图所示。

步骤6 弹出【发件人设置】对话框，输入发件人邮件地址及授权码，单击对话框中的【如何获取授权码】超链接，根据提示获取不同邮箱的授权码，然后单击【确定】按钮。

步骤7 返回【编辑发送】界面，单击【发送邮件】按钮，如下图所示。

步骤8 开始发送邮件并显示发送进度，如下页图所示。

步骤9 发送完成后，即会显示发送状态，如下图所示。

步骤10 员工收到邮件信息，打开邮件可查看工资明细，如下图所示。

8.8.3 用 HR 助手将货币金额转换为大写

HR 助手主要是为人力资源管理者提供的提高工作效率的功能，包含身份证信息提取、人民币大写、标记重复项、清空 0 值、工资条生成器等多种功能。

本节以"人民币大写"功能为例，对该助手的使用进行介绍。

本节素材结果文件
素材 \ch08\ 人民币大写 .et
结果 \ch08\ 人民币大写 .et

步骤1 打开素材文件，单击【特色功能】→【HR 助手】按钮，如下图所示。

步骤2 界面右侧即会显示【HR 助手】窗格，包含多种实用的功能按钮，选择 B 列数据，单击【人民币大写】按钮，如下图所示。

数值转换为大写的结果如下页图

所示。

	A	B
1	人民币数值	人民币大写
2	5415254	伍佰肆拾壹万伍仟贰佰伍拾肆元整
3	15664542	壹仟伍佰陆拾陆万肆仟伍佰肆拾贰元整
4	1541256B1	壹亿伍仟肆佰壹拾贰万伍仟贰佰伍拾陆元整
5		

📋 8.8.4 辅助计算的财务助手

财务助手包含生成工资条、永不看错行、按揭贷款、计算年终奖等功能，如下图所示。

本节素材结果文件	
⬇️	素材 \ch08\ 产品销售表 .et
	结果 \ch08\ 产品销售表 .et

使用 WPS 表格财务助手的永不看错行功能的具体操作步骤如下。

步骤 1 打开"产品销售表 .et"文件，单击【特色功能】→【更多】按钮。打开【应用中心】对话框，选择【文档助手】→

【财务助手】选项，如下图所示。

步骤 2 打开【高级财务助手】窗格，单击【永不看错行】按钮，选择任意单元格，即可用黄色的背景显示该单元格所在的行和列，效果如下图所示。

	A	B	C	D	E	F
1	产品名称	一季度销量	二季度销量	上半年销量	单价	销售额
2	产品A	6	12	18	¥ 1,050	¥ 18,900
3	产品B	18	10	28	¥ 900	¥ 25,200
4	产品C	5	6	11	¥ 1,100	¥ 12,100
5	产品D	10	9	19	¥ 1,200	¥ 22,800
6	产品E	7	12	19	¥ 1,500	¥ 28,500
7	产品F	15	19	34	¥ 1,050	¥ 35,700
8	产品G	7	15	22	¥ 900	¥ 19,800
9	产品H	12	17	29	¥ 1,100	¥ 31,900
10	产品I	8	10	18	¥ 1,200	¥ 21,600
11	产品J	9	6	15	¥ 1,500	¥ 22,500
12	产品K	5	13	18	¥ 1,050	¥ 18,900
13	产品L	9	11	20	¥ 900	¥ 18,000
14	产品M	11	18	29	¥ 1,100	¥ 31,900
15	产品N	15	10	25	¥ 1,200	¥ 30,000
16	产品O	8	7	15	¥ 1,500	¥ 22,500

8.9 帮你搞定专业演示文档——WPS 演示助手

WPS 演示提供有教学工具箱、演示图表、总结助手、魔法等功能，可以帮助用户搞定专业的演示文档。

单击 WPS 演示的【特色功能】→【更多】按钮，打开【应用中心】对话框，选择【文档助手】选项，在右侧区域即可看到 WPS 演示的助手功能。

8.9.1 巧用教学工具箱制作连线练习题

WPS 演示中的"教学工具箱"，可以为教师职业提供常见各种题型的制作，如连线题、判断题、填空题等，还可以通过添加小游戏强化互动效果，本节以制作"连线题"为例，介绍"教学工具箱"的使用方法。

本节素材结果文件
无
结果 \ch08\ 教学工具箱 .dps

步骤 1 启动 WPS 演示，新建一个空白演示文稿，单击【特色功能】→【教学工具箱】按钮，如下图所示。

步骤 2 在界面右侧弹出的【教学工具箱】窗格中，可以看到包含多种题库类型，单击【连线题】图标，如下页图所示。

步骤 3 弹出【插入连线题】对话框，可以输入题干内容，并在下方设置选项，如下图所示。

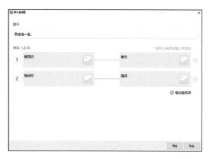

步骤 4 单击【增加连线项】按钮，增加新的选项，并输入其他内容，单击【预览】按钮，如下图所示。

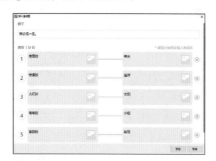

步骤 5 进入【预览连线题】对话框，可以预览效果，确定无误后，单击【确定】按钮，如右上图所示。

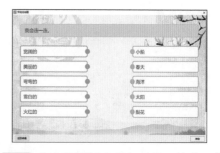

步骤 6 将连线题插入幻灯片中，按【F5】键放映插入的幻灯片。根据题干要求，将左侧的形容词与右侧的名词进行连线，如下图所示。

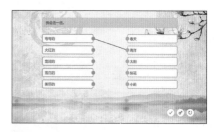

步骤 7 单击下方的"√"按钮，即可判断正误，如果提示错误，则可单击【重做】按钮，如下图所示。

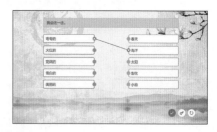

步骤 8 如果连线正确，则显示为绿色的线条，如下图所示。

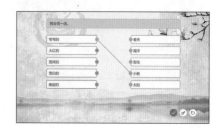

步骤9 重复操作，完成所有连线，结果如下图所示。

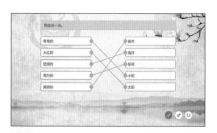

步骤10 如果要查看正确的答案，可单击右下角的【钥匙】按钮，如下图所示。

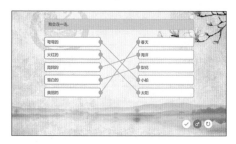

案例总结及注意事项

（1）在制作各种练习题时，一定要仔细检查答案，防止出错。

（2）每次放映，答案的选项会发生变化，因此，讲课时要注意观察题目。

8.9.2　各类总结必备工具：总结助手

WPS 演示的总结助手提供了许多总结模板，可以帮助用户搞定各类行业各种风格的工作总结报告。

本节素材结果文件
无
结果 \ch08\ 总结助手 .dps

步骤1 启动 WPS Office，新建一个空白演示文稿，单击【特色应用】→【总结助手】按钮，如下图所示。

步骤2 打开【总结助手】窗格，单击【封面】右侧的下拉按钮，可以选择【多页】、【单页】及【免费模板】三大项。如果要使用成套资源，可以选择【套装】选项；如果使用部分总结单页，可以选择对应项；非会员可以直接选择【免费模板】下方的【套装】选项，如下图所示。

步骤3 选择【多页】的【套装】选项，如果要使用某一行业的总结，可以在搜索框中输入关键词进行查找，如输入"财务"，按【Enter】键确认，即可显示筛选结果。在合适的模板上单击显示的

【下载模板】按钮，如下图所示。

示。之后根据需要修改模板中的内容，即可完成工作总结演示文稿的制作。

步骤 4 完成总结模板的下载，如右图所

WPS Office 各组件之间可以相互调用，从而提高工作效率。

第 9 章

WPS Office 组件间的协作

- WPS 文字与 WPS 演示之间如何转换？
- 怎样把 WPS 文字中的表格复制到 WPS 表格中？
- 表格中的图表如何同步至WPS演示文档中？
- WPS Office 与思维导图、流程图之间有什么关联？

9.1 WPS 文字与 WPS 演示之间的转换

制作演示文稿时，通常有文档作为内容支持，而 WPS 演示中的文字也可以转换为 WPS 文字，方便用户查看。

9.1.1 将 WPS 文字转换为 WPS 演示

通常情况下，WPS 文字中的内容可以复制到 WPS 演示中，但效率比较低，可以直接将 WPS 文字转换为 WPS 演示。如果设置了段落的大纲级别后，WPS Office 会自动将每个标题作为一页幻灯片页面，具体操作步骤如下。

本节素材结果文件
素材 \ch09\ 公司规章制度 .wps
结果 \ch09\ 公司规章制度 .pptx

步骤1 打开素材文件，在 WPS 文字窗口中选择【文件】→【输出为 PPTX】命令，如下图所示。

步骤2 弹出【输出为 pptx】对话框，选择文件输出的位置，单击【开始转换】按钮，如下图所示。

步骤3 开始转换文档格式，并显示转换进度，转换完成即可自动打开转换后的 PPT 文档，如下图所示。

9.1.2 将 WPS 演示转换为 WPS 文字

为了方便查看 PPT 中的文字内容，可以将 WPS 演示转换为 WPS 文字，具体操作步骤如下。

本节素材结果文件
素材 \ch09\ 产品营销策划 PPT.dps
结果 \ch09\ 产品营销策划 PPT.wps

步骤1 打开素材文件，在 WPS 演示窗口中选择【文件】→【另存为】→【转为 WPS 文字文档】命令，如下图所示。

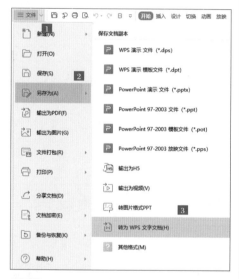

步骤2 弹出【转为 WPS 文字文档】对话框，选择要转换的幻灯片页面，可以全部转换，也可以仅转换选定的页面，如果不需要转换图片，可取消选择【图片】复选框，设置完成，单击【确定】按钮，如右上图所示。

步骤3 弹出【保存】对话框，选择存储的位置，单击【保存】按钮，如下图所示。

步骤4 开始转换操作，并显示转换进度。转换完成，双击转换后的文档即可查看效果，如下图所示。

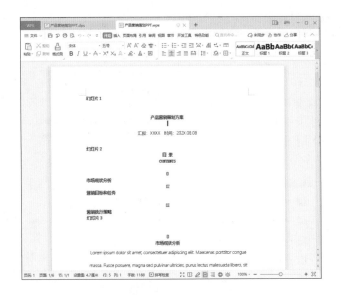

9.2　将 WPS 文字中的表格完美复制到 WPS 表格

在 WPS 文字中制作好的表格，虽然可以直接复制到 WPS 表格中，但表格的样式会发生各种不可预料的改变，导致内容错位，重新调整费时又费力，可以通过下面的操作，完美地将 WPS 文字中的表格呈现在 WPS 表格中，具体操作步骤如下。

本节素材结果文件
素材 \ch09\ 差旅费报销单 .wps
结果 \ch09\ 差旅费报销单 .html、差旅费报销单 .et

步骤1 打开素材文件，选择【文件】➔【另存为】➔【其他格式】命令，如下图所示。

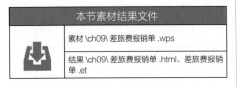

步骤 2 弹出【另存文件】对话框，选择要存储的位置，在【文件类型】下拉列表中选择"网页文件"选项，单击【保存】按钮，如下图所示。

步骤 3 保存完成，关闭文档，新建空白 WPS 表格文档，选择【文件】→【打开】命令，如右上图所示。

步骤 4 弹出【打开文件】对话框，选择保存的"差旅费报销单 .html"文件，单击【打开】按钮，如下图所示。

步骤 5 可以看到表格内容会完整地显示在 WPS 表格中，最后只需将文档保存即可，效果如下图所示。

9.3 WPS Office 组件间的相互调用

WPS Office 各组件之间可以相互调用，如在 WPS 文字中可以直接插入 WPS 表格，双击插入的表格即可打开，方便修改内容。WPS 文字、WPS 表格与 WPS 演示之间相互调用的方法相同，本节仅以在 WPS 文字中调用 WPS 表格和在 WPS 演示中调用 WPS 表格为例进行介绍。

9.3.1 在 WPS 文字中调用 WPS 表格

在 WPS 文字中可以直接调用 WPS 表格，这样不仅可以使文档的内容更清晰，表达的信息更完整，还可以再次直接编辑表格，节约时间，具体操作步骤如下。

本节素材结果文件
素材 \ch09\ 创建 Excel 工作表 .wps、计划完成情况图表 .et
结果 \ch09\ 创建 Excel 工作表 .wps

步骤 1 打开素材文件，将鼠标光标定位到需要插入表格的位置，选择【插入】→【对象】→【对象】选项，如下图所示。

步骤 2 弹出【插入对象】对话框，选择

【由文件创建】单选项，单击【浏览】按钮，如下图所示。

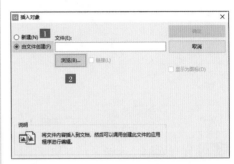

步骤 3 打开【浏览】对话框，选择要插入的表格，单击【打开】按钮，如下图所示。

步骤 4 返回【插入对象】对话框，单击【确定】按钮，如下图所示。

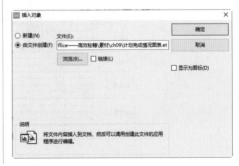

步骤5 即可将 WPS 表格插入 WPS 文字中，之后将其【文字环绕】设置为"嵌入型"，最终效果如下图所示。

案例总结及注意事项

（1）需要将插入的 WPS 表格设置为嵌入型，防止 WPS 文字中的文本显示在表格上方。

（2）如果要编辑表格，可双击插入的 WPS 表格，即可打开 WPS 表格，编辑表格内容。

9.3.2 在 WPS 演示中调用 WPS 表格

在 WPS 演示中直接调用 WPS 表格的具体操作步骤如下。

本节素材结果文件
素材 \ch09\ 调用 Excel 工作表 .dps、销售情况表 .et
结果 \ch09\ 调用 Excel 工作表 .dps

步骤1 打开素材文件，将鼠标光标放在第 2 张幻灯片下方，单击【开始】→【新建幻灯片】按钮，选择一种页面样式，如下图所示。

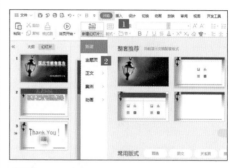

步骤2 新建一张空白幻灯片，设置标题为"各店销售情况"，删除下方的文本占位符，效果如下图所示。

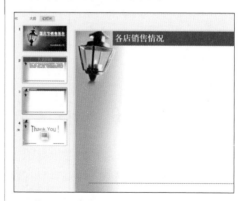

步骤3 单击【插入】→【对象】按钮，如下图所示。

步骤4 弹出【插入对象】对话框，选择【由文件创建】单选项，单击【浏览】按钮，如下图所示。

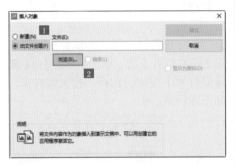

步骤5 打开【浏览】对话框，选择要插入的表格，单击【打开】按钮，如下图所示。

步骤6 返回【插入对象】对话框，单击【确定】按钮，如下图所示。

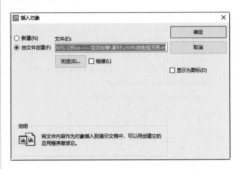

即可将 WPS 表格插入 WPS 演示的第 3 张幻灯片中，效果如下图所示。

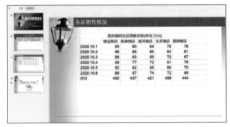

9.4 在 WPS 文字中导入思维导图

通过 WPS Office 创建的思维导图，会存储在云空间内。在 WPS 文字中可以直接创建思维导图，也可以将创建完成的思维导图导入 WPS 文字中。

【思维导图】所包含的各选项含义如下。

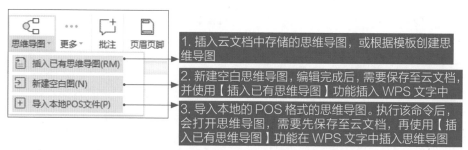

1. 插入云文档中存储的思维导图，或根据模板创建思维导图

2. 新建空白思维导图，编辑完成后，需要保存至云文档，并使用【插入已有思维导图】功能插入 WPS 文字中

3. 导入本地的 POS 格式的思维导图。执行该命令后，会打开思维导图，需要先保存至云文档，再使用【插入已有思维导图】功能在 WPS 文字中插入思维导图

在 WPS 文字中导入本地 POS 文件的具体操作步骤如下。

本节素材结果文件

素材 \ch09\ 品牌营销 .pos

结果 \ch09\ 在 WPS 文字中创建思维导图 .wps、在 WPS 文字中创建思维导图 .docx

步骤 1 新建空白 WPS 文字文档，选择【插入】→【思维导图】→【导入本地 POS 文件】命令，如下图所示。

步骤 2 打开【请选择思维导图】对话框，单击【文件导入】区域的【添加文件】按钮，如下图所示。

步骤 3 弹出【打开文件】对话框，选择要插入 WPS 文字的 POS 文件，单击【打

开】按钮，如下图所示。

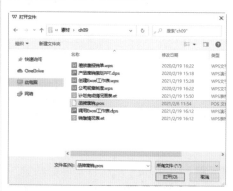

步骤 4 打开选择的"品牌营销 .pos"文件，如果需要修改，则直接修改内容，修改完成，单击【保存至云文档】按钮，如下图所示。

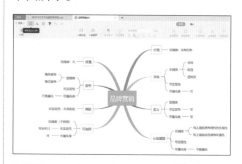

步骤 5 保存完成，关闭"品牌营销（4）.pos"文件，选择【插入】→【思维导图】→【插入已有思维导图】命令，如下页图所示。

步骤6 打开【请选择思维导图】对话框，在【我的】区域的搜索框中输入要插入的思维导图名称，如输入"品牌营销"，如下图所示。

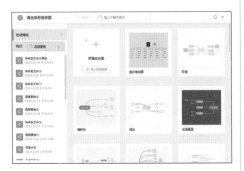

步骤7 按【Enter】键，显示搜索结果，在显示的搜索结果中选择"品牌营销（4）"，单击【插入到文档】按钮。

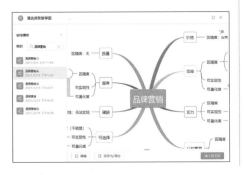

步骤8 将已有的思维导图插入 WPS 文字文档后的效果如下图所示。

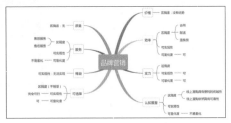

案例总结及注意事项

（1）WPS 文字中只能插入云文档中的思维导图，执行【新建空白图】→【导入本地 POS 文件】命令，仅可以创建或修改思维导图文件，并不能直接插入，需要将制作或修改完成的思维导图保存至云文档，再通过【插入已有思维导图】命令插入思维导图。

（2）插入思维导图后，如果下次要编辑思维导图文件，需要将文档存储为".docx"格式；保存为".et"格式后，思维导图文件不可再次修改。

9.5 在 WPS 演示中创建流程图

在 WPS 文字、WPS 表格和 WPS 演示中插入流程图的方法与在 WPS 文字中插入思维导图的操作方法及注意事项相同，下面就以在 WPS 演示中创建"调查业务流程"流程图为例进行介绍，具体操作步骤如下。

本节素材结果文件

素材 \ch09\调查业务流程 .pos
结果 \ch09\ 在 WPS 演示中创建流程图 .pptx

步骤 1 新建空白 WPS 演示文档，选择【插入】→【流程图】→【新建空白图】命令，如下图所示。

步骤 2 完成空白流程图的创建，为了节约时间，这里直接导入已有的流程图，选择【文件】→【导入流程图】命令，如下图所示。

步骤 3 弹出【文件导入】对话框，单击【添加文件】按钮，如下图所示。

步骤 4 在【打开文件】对话框中选择要

导入的文件"调查业务流程 .pos"，单击【打开】按钮，如下图所示。

步骤 5 导入文件后，单击【保存至云文档】按钮，如下图所示。

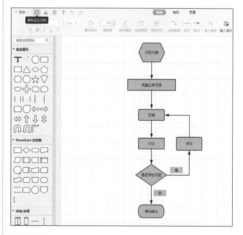

步骤 6 保存完成，关闭"调查业务流程（1）.pos"文件，选择【插入】→【流程图】→【插入已有流程图】命令，如下图所示。

步骤7 打开【请选择流程图】对话框，在【我的】区域的搜索框中输入要插入的流程图名称，如输入"调查业务流程"，按【Enter】键，在显示的搜索结果中选择"调查业务流程（1）"，单击【插入到文档】按钮，如下图所示。

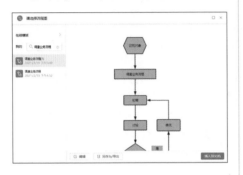

将新建的流程图插入 WPS 演示文档后的效果如下图所示。

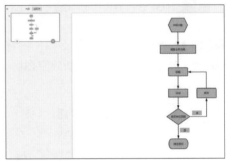

通过云办公，计算机中存储的文档，不仅可以多个设备随时随地打开协同文档进行编辑，还可以多人协同处理，大大提高了工作效率。

第 10 章

悦享协作，轻松云办公

- 云办公到底是什么？
- 文档如何实现多设备同步？
- 怎样实现多人实时协作编辑文档？
- 如何管理文档权限，确保文档安全？
- WPS Office 的日程管理和金山会议怎么用？

10.1 云办公可以应用在哪些行业

云办公可以实现文档协同，实现同一部门、不同部分之间的文档协作，帮助企业降低人力成本，提升工作效率。

云办公可以应用于绝大多数行业，只要是使用办公文档的行业，都可以使用云办公，下面介绍几个行业的应用。

1. 线下零售行业

线下零售行业可能面临的问题如下。

（1）多个店铺每日的销售清单难以汇总，容易出错。

（2）商品多不易记住商品价格，且价格发生变动不能第一时间知道。

（3）管理客户资源较难。

（4）领导不能及时发现和处理工作中的问题。

工作任务	使用云办公之前	使用云办公之后
汇总多家店铺每日销售清单	各店铺通过微信或QQ给老板发送，每天有大量清单，版本易混乱，且不方便查看	各店铺在同一个在线文档里填写每日销售清单，打开一个文档就能查看所有店铺数据
获取最新货品价格表	记不住货品的最新价格，临时翻查纸质价格表不方便，如果价格有变动，也不能及时收到准确价格	所有员工打开文档链接即可查看最新价格表，大幅缩短查询时间，为了防止数据被误改，可以仅给员工分配查看权限
客户资料表在线填写和更新	先用纸质表格填写客户资料，再手动汇总、录入计算机，耗时且不方便更新维护	所有店员在同一份在线表格内填写、更新客户资料
查看店铺工作进度	如果出差在外，老板无法实时了解店铺出货数据及工作进度	店铺数据集中存储在金山文档中，使用手机也能实时查看店铺数据并处理工作

2. 教育行业

教育行业可能面临的问题如下。

（1）每当管理者要查看某个文件时，都要用QQ、微信、邮箱等发送，烦琐低效。

（2）课件信息经常更新，老师误用非最新版课件影响教学质量。

（3）资料零散繁多，存储混乱。

（4）客户数据和销售数据只希望部分人可见，无法做权限的区分。

工作任务	使用云办公之前	使用云办公之后
查看文件	当管理层需要查看各种报表时，部门成员就将各个文件发送到群里，文件下载、转存、汇总工作简直让人崩溃	建立各部分的汇总表，相关数据在表格中实时更新，自动汇总。管理层可随时打开文件查看
更新课件	每周都要优化和更新教学课件，使用离线存储方式会产生多个版本，多位老师不能共用同一份教学课件时，常因为误用非最新版本而影响教学质量	在 WPS Office+ 云办公中为老师建立专用文件夹，所有老师都可实时在线查看和更新同一份教学课件，每次打开都是最新版
资料管理	总部发送的培训资料，教学部不断累积的课件、视频、图片等，资料越来越繁多，存储较为混乱	建立企业公共文件夹，将这些文件资料分门别类沉淀在企业公共文件夹中，逐渐形成企业的公共资料库，查找更便捷
设置权限	敏感数据如销售数据、客户数据、教学材料成本等，很难对每个人进行权限约束，若员工离职带走重要文件并传播，会给企业发展带来不利影响	使用云办公可以根据每位员工的职位设置这些重要文档的查看、编辑、下载等权限，员工操作文档的细节也可以实时掌握，让管理者更有安全感

3. 制造业

制造业可能面临的问题如下。

（1）与客户沟通不畅，订单进度不能及时更新。

（2）公司资料繁多，管理和获取不便。

（3）与同事分享文件时，通过邮件、QQ 来回传输，非常不便。

（4）无法随时随地查看和监控公司运转情况。

工作任务	使用云办公之前	使用云办公之后
订单实时进度	与客户同步订单进度时，需要将进度表截图或转换成图片，再发给客户，过程烦琐，无法满足客户随时查看的需求	订单进度在在线表格内实时更新，客户打开表格链接就能查看订单的最新进度
查找公司资料	公司合同、报价、交易等业务资料繁多且存储分散，查找使用不便，影响工作效率	公司所有资料分类存储在金山文档中，可快速检索获取，资料易于管理和查找使用
部门沟通	各部门围绕订单协作时，需来回发送文档，信息不能随时同步，影响部门沟通	所有资料在同一个文件夹里存储，并能及时更新，相关人员能实时了解所需信息，无须来回发文档
跟单过程跟踪	跟单过程记录麻烦，丢单后也意识不到哪个环节出了问题，领导看不到跟单过程，无法提供指导	销售为每位客户建一个跟单记录表，清晰记录每次销售过程，方便领导随时查看与指导，提高成单率

除了上面的几个行业外，不同行业可以根据自己的需要，总结出问题，使用云办公解决各种难题。

10.2 认识云办公

云公办，通俗来讲，就是在云平台上整合所有的办公文件资源，而所有的办公设备都可以通过云平台访问这些资源，实现办公资源的编辑、存储，办公人员之间的互动更紧密，达到降低成本，提高办公效率的目的。

10.2.1 初识 WPS 云文档

将文档保存至 WPS 云上，就可以实现云办公，而在 WPS 云中保存的文档，就称为云文档。

云可以用来做什么？有哪些优势？

（1）云可以实现办公文件云端保存，让工作更高效便捷。

开启文档云同步后，在计算机中编辑文档，并保存在计算机硬盘后，使用同一账号登录手机 WPS Office，在【最近】列表中就可以看到计算机中编辑保存的文档，可直接打开并编辑文档。

（2）云可以实现文件自动备份，快速找回原文件。

为了避免突然断电、计算机死机等情况发生，导致文档内容丢失，可以开启文档云同步，文件会自动备份到云文档，遇到突发情况，也可以在 WPS Office 首页【我的云文档】中搜索到备份的文件。

（3）云可以实现找回文档某个时间点修改的历史版本。

在工作中需要不断地修改同一份文档，修改的次数多了，就会有多个不同编号的文档，不仅占用空间，查找起来也非常不方便，开启云同步后，选择文档名称后单击鼠标右键，选择【历史版本】选项，即可查看文档历史版本，可随时查看预览或恢复到某个历史版本。

（4）云可以无障碍实现与他人之间文件的安全共享。

使用 WPS Office 的"分享"功能，可以设置文档的编辑权限，并且文档会自动保存至云端，分享接受者可在云端查看分享的文档，并可以实时查看所有文档操作记录，提高文件的安全性。

（5）云可以实现团队协同办公，提高办公效率。

在云文档中建立团队文件夹，并将工作中的团队文档放到该文件夹下，团队成员即可随时随地查看、编辑团队文档，并且可以设置管理权限，避免误改误删。

10.2.2 开启云文档同步，自动保存文档

开启文档云同步后，后期编辑的文档就会自动保存至云文档中，开启云文档同步有以下几种方法。

方法一：通过界面右上角的【未同步】按钮

打开任意文档，单击界面右上角的【未同步】按钮，在弹出的下拉面板中单击【立即启用】按钮。

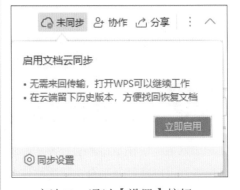

方法二：通过【设置】按钮

在首页界面单击【设置】按钮，选择【设置】选项，在打开的【设置中心】界面单击【文档云同步】按钮。

方法三：使用 WPS 办公助手

在计算机桌面右下角的【WPS 办公助手】图标上单击鼠标右键，选择【同步与设置】选项，打开【云服务设置】对话框，在该对话框中也可以开启文档云同步。

10.2.3 设置桌面云同步和同步文件夹

WPS Office 提供了桌面云同步、同步文件夹功能，使用同一账号登录 WPS Office，同步后，在手机和计算机中都可以随时查看文件。

1. 开启桌面云同步

开启桌面云同步，可以将桌面上的所有文档同步至云文档，具体操作步骤如下。

步骤1 在首页界面单击账号图标，选择【云服务】按钮，如下页图所示。

步骤2 打开【我的云服务】界面，单击【云应用服务】下【桌面云同步】后的【设置】按钮，如下图所示。

步骤3 打开【WPS 办公助手】对话框，并弹出【WPS - 桌面云同步】对话框，单击【开启桌面云同步】按钮。

提示

单击计算机桌面右下角的【WPS 办公助手】图标，也可以打开【WPS 办公助手】对话框。

步骤4 在弹出的提示框中单击【开启云同步】按钮，即可开启桌面云同步。

2. 开启同步文件夹

开启同步文件夹，可以将文件夹中的所有文档同步至云文档，具体操作步骤如下。

步骤1 打开【WPS 办公助手】对话框，单击【同步文件夹】按钮，如下图所示。

步骤2 弹出【WPS – 同步文件夹】对话框，单击【添加同步文件夹】按钮，如下图所示。

步骤3 在弹出的对话框中单击【选择文件夹】按钮，并选择要同步的文件夹，如下图所示。

步骤4 添加完成，单击【立即同步】按钮，如右上图所示。

10.2.4 将文档保存到云文档

如果要将文档保存至云文档，有以下 4 种方法。

（1）执行【保存】命令。

（2）执行【另存为】命令。

（3）右键单击文档标题，选择【保存到 WPS 云文档】选项。

通过以上 3 种方法都会打开【另存文件】对话框，选择【我的云文档】选项，再选择存储的文件夹，单击【保存】按钮即可。

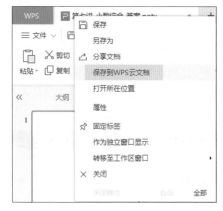

（4）单击右上角的云图标。

10.3 手机、计算机多端同步文档

除了使用云同步外，还可以通过下载、分享等几种方式实现手机、计算机多端的文档同步。

10.3.1 将文档下载到手机中

在使用 WPS Office 进行日常办公时，经常需要编写各种各样的文档和表格，如果遇到外出但又需要继续编辑文档，在身边没有计算机的情况下，怎样在离开办公场所前快速将文档或表格发送到手机中？

这就需要运用手机版 WPS Office。下面通过对"个人工作总结范文 .wps"的操作，介绍将计算机中的文档发送到手机上的功能。

本节素材结果文件
素材 \ch10\ 个人工作总结范文 .wps
无

将计算机中的文档快速下载到手机中，具体操作步骤如下。

步骤1 打开素材文件"个人工作总结范文 .wps"，单击右上角的【分享】按钮。

步骤2 在弹出的文件发送框中，选择【发至手机】选项，单击【发送】按钮。

发送成功后即可看到提示"发送

成功"。

步骤3 此时手机会提示收到，点击提示信息，即可看到发送的文档。

步骤4 点击文档名称即可用 WPS Office 打开并随时随地编辑文档了。

10.3.2 使用微信小程序快速分享文档

随着互联网的发展，加上现代人们彼此之间交流的需要，微信已经成为人们越来越离不开的一款即时通信软件。而微信小程序则是嵌入微信里的功能丰富、操作简捷的轻应用，不需要下载安装即可使用。

微信小程序的【金山文档】集成了手机 WPS App 的功能，这样用户就可以在微信里面实现 App 的基本功能。

下面通过对"公司简介方案模板 .dps"文件的操作，介绍使用微信小程序分享文件的方法。

本节素材结果文件
素材 \ch10\ 公司简介方案模板 .dps
无

将演示文稿"公司简介方案模板 .dps"通过微信小程序进行分享，具体操作步骤如下。

步骤1 打开手机中的微信，下拉微信打开小程序界面，点击【金山文档】小程序。

步骤2 进入【金山文档】操作界面，可以查看最近操作的文件，选择文件"公司简介方案模板 .dps"。

步骤3 选中文件最右边的"..."图标或长按文件 1 秒，手机界面最下方弹出选择框，点击【分享】选项。

即可进入【分享】界面，可根据需要选择【仅查看】【可编辑】或【指定人】。

步骤 4 点击【发给微信好友】按钮，即可打开微信联系人名单，选中一个联系人后，弹出【发送给】对话框，点击【发送】按钮。

完成【发送】后，即可看到文档以小程序的形式发送给了所选择的联系人。

联系人通过微信接收文件，可以直接打开文件进行相应的查看或编辑操作。

提示

手机微信小程序【金山文档】不需要下载，在微信小程序界面搜索【金山文档】，直接添加到微信的小程序列表中即可使用。

10.3.3 WPS 办公助手集中管理 QQ、微信接收的文件

WPS Office 2021 强化了办公助手功能，可以帮我们集中管理 QQ、微信接收的文件。下面以管理微信接收的文件为例，介绍管理微信接收文件的方法。

步骤1 双击计算机桌面右下角的办公助手图标，打开【WPS 办公助手】界面。

步骤2 选择【我的】→【更多云办公应用】→【微信文件】选项，进入【WPS-文档雷达】窗口，就可以在【微信文件】中看到近期从微信上接收的各种文件。

步骤3 双击即可打开想要打开的文档。

提示

如果移动了文档的存放位置，则不能直接打开文档。

步骤4 单击鼠标右键选择要查找的文件，弹出下拉列表，选择【打开文件位置】选项，就能快速找到该文件的存放位置。

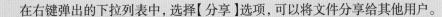

提示

> 在右键弹出的下拉列表中，选择【分享】选项，可以将文件分享给其他用户。

 案例总结及注意事项

只要 WPS 办公助手运行，就能检测到 QQ 和微信所接收的文件，如果不想时刻接收相关的文件，必须退出 WPS 办公助手。

10.4 高效管理文档——企业文档集中管理

多人协作办公时，使用团队文档功能，可以集中管理所有文档，并且还可以快速定位文档，在线预览、编辑。

📋 10.4.1 使用团队模式

　　使用团队模式，首先需要将创建者的 WPS Office 升级至企业版，并创建企业账户，具体操作步骤如下。

步骤1 启动 WPS Office，在首页界面单击【文档】→【升级至企业版】按钮，如下图所示。

步骤2 单击【免费创建】按钮，如下图所示。

步骤3 在【创建企业，共享工作文件】界面输入企业名称、创建人姓名、联系电话，并输入验证码，选中【我已阅读并同意《WPS+ 云办公服务协议》】复选框，单击【确认创建】按钮。

步骤4 完成企业账户创建，在左侧即可显示企业名称，如下图所示，之后就可以开始创建团队。

步骤5 在【创建您的第一个团队】区域，输入团队名称，单击【下一步】按钮，如下图所示。

步骤 6 完成团队创建，效果如下图所示，单击【复制链接，邀请同事】按钮，将复制的链接发送给销售部门的同事。

提示

同事收到邀请后，需要登录 WPS Office，并输入姓名，单击【提交申请】按钮。

步骤 7 单击公司名称，进入企业界面，如下图所示。

步骤 8 等待同事提交申请后，单击【成员审批】按钮，在弹出的【成员审批】界面单击【通过】按钮。

步骤 9 完成同事的添加后，会将所有成员添加至企业成员和"销售部"团队中。如下图所示。

10.4.2 创建新团队

开启团队模式并创建一个团队后，如果还需要创建其他团队，可直接使用【创建团队】功能，具体操作步骤如下。

步骤 1 单击【创建团队】按钮，如下图所示。

步骤2 弹出【新建团队】对话框，选择要创建的团队类型，这里选择【普通团队】选项，如下图所示。

步骤3 在打开的【普通团队】对话框中输入团队名称，单击【确定】按钮，如下图所示。

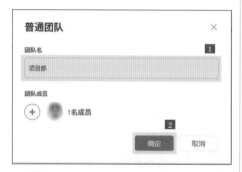

步骤4 完成"项目部"团队的创建，如下图所示。

步骤5 如果要添加成员，可以在新建的团队名称上单击鼠标右键，在弹出的快捷菜单中选择【添加成员】选项，如下图所示。

步骤6 在【团队成员】对话框中，选择添加成员的方式，并将链接发送给同事，即可完成添加。

步骤7 待同事申请加入并同意申请后，就完成了新团队的创建，如下页图所示。

提示

如果要管理企业，可以单击【企业管理】按钮，进入企业管理界面，可以邀请同事、审批成员、查看企业成员等，单击【进入管理后台】链接，可进入【企业管理后台】界面，进行更详细的管理操作。

10.4.3 上传和管理文件

创建团队后，就可以将相关的文档上传至团队文档中，实现成员共享，具体操作步骤如下。

步骤1 选择"销售部"团队，单击【上传文件】按钮，如右上图所示。

步骤2 打开【上传到云】对话框，选择要上传的文件，单击【确定】按钮。

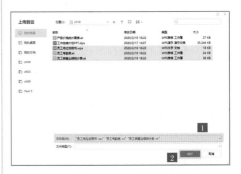

步骤3 完成"销售部"团队文件的上传，效果如下图所示。双击文档即可打开并编辑文档。

提示

在要管理的文档上单击鼠标右键，在弹出的快捷菜单中可以执行打开、重命名、下载、复制、移动及删除文档等操作。

10.4.4 标记重要和常用文件

对于重要文件，可以为其添加"星标"，方便快速查找到该文件，常用的文件可以将其固定在"常用"列表中。

1. 添加星标

步骤1 选择要添加星标的重要文件，单击其后的"星星"图标，或在该文件上单击鼠标右键，在弹出的快捷菜单中选择【添加星标】选项。

步骤2 可以看到文档后的"星星"图标会显示为黄色。并且在首页的"星标"组中可以看到添加了星标的文件，如下图所示。

2. 固定常用文件

步骤1 选择要固定的常用文件，并单击鼠标右键，在弹出的快捷菜单中选择【固定到"常用"】选项。

步骤2 在 WPS Office 首页的"常用"组中可以看到固定的常用文件，如下页图所示。

如果要在团队内置顶该文件，可重复步骤 1 的操作，选择【固定至团队置顶】选项，置顶后效果如下图所示。

10.5　灵活配置操作权限——文档安全管控

团队文档允许所有成员查看，为了防止文档内容被错误修改，或者被误删，就需要对文档的安全进行管控。

 ## 10.5.1　设置成员权限

同一个团队中的成员也可以设置不同的权限，如新员工只有"仅查看"的权限，老员工可查看、编辑和分享文档，拥有"可编辑"的权限，这就需要根据实际情况设置成员的权限。

1. 设置团队成员权限

为团队中的成员设置权限，团队成员可在设置的权限下，操作团队文档中的所有文档，也可以根据实际情况分别为每个成员设置不同的权限。

默认情况下，成员权限包括"仅查看""可查看""可编辑"3 种类型。"仅查看"权限只能查看文档；"可查看"权限可查看和下载文档；"可编辑"权限允许查看、下载、上传、编辑和分享文档。

如果要设置部分成员具有"可查看"权限，而某个成员具有删除文档的权限，具体操作步骤如下。

 接上一节继续操作。打开 WPS Office，选择【文档】→【团队文档】选项，在"项目部"团队上单击鼠标右键，选择【文档权限】选项，如下页图所示。

步骤2 打开【项目部 权限】对话框，如果所有团队成员的权限相同，可单击【团队成员】后的下拉按钮，在弹出的下拉列表中选择操作权限，选择【自定义】选项，如下图所示。

提示

> 如果为"团队成员"选择某项权限，则团队中所有成员都具有相同的权限。

步骤3 弹出【文档权限定义】对话框，单击【添加权限】按钮，如下图所示。

步骤4 弹出【权限名称】对话框，输入名称"可删除权限"，单击【确定】按钮。

步骤5 返回【文档权限定义】对话框，选择所有权限下对应的复选框，单击【确定】按钮，如下图所示。

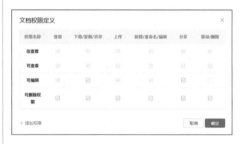

步骤6 返回【项目部 权限】对话框，选择【从成员列表中选择】选项，如下图所示。

步骤7 在弹出的对话框中，选择一个成员，并在右侧选择【可查看】选项，单击【确定】按钮，则该成员就具有"可查看"权限。

步骤8 重复**步骤6**~**步骤7**，为其他成员分配"可删除权限"，如下图所示。

步骤9 完成为不同成员分配不同权限的操作，如下图所示。

2. 为单个文档设置权限

　　设置了成员权限后，如果某个成员具备删除团队文档的权限，但某个文档不允许被删除，则可以为单个文档分配权限，取消该成员的"可删除权限"，具体操作步骤如下。

步骤1 选择要分配权限的单个文档，并单击鼠标右键，在弹出的快捷菜单中选择【文档权限】选项，如下图所示。

步骤2 打开【文件权限】对话框，单击具有"可删除权限"权限成员后的下拉按钮，选择【可查看】选项，则该成员就不能删除该文档。

10.5.2 找回文件历史版本

团队文档中的文件被不同成员修改后，如果某个成员的修改有误，可使用【历史版本】功能找回历史版本，具体操作步骤如下。

步骤1 在"销售部"团队中，选择"员工考勤表"文件并单击鼠标右键，在弹出的快捷菜单中选择【历史版本】选项，如下图所示。

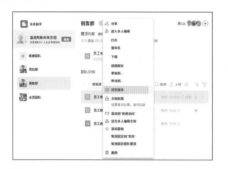

步骤2 弹出【历史版本】对话框，可以看到包含多个记录了修改时间和修改人员的历史版本，如果要预览，可选择某个版本后，单击【预览】按钮，确认无误后，单击【恢复到该版本】按钮即可找回历史版本文档，如下图所示。

10.5.3 成员权限一键回收

当员工从部门离职后，为了防止文档内容泄露，可以直接将其从团队中删除，但如果该员工加入了多个团队，逐个删除既费时又费力，可以直接将其从公司组织架构中删除。

1. 从团队中删除

步骤1 选择"销售部"团队，单击"+"按钮，如下图所示。

步骤2 弹出【团队成员】对话框，单击要移除成员后的【成员】下拉按钮，选择【移除该成员】选项即可，这样就收回了成员的权限，并且该成员无法访问团队文档。

2. 从公司组织架构中删除

步骤1 在 WPS Office 首页选择【企业管

理】→【进入后台管理】选项，如下图
所示。

步骤2 打开【企业管理后台】界面，选

择【通讯录】→【组织架构】选项，选
择要删除的成员，单击【删除】按钮
即可。

10.6 多人编辑文档——开启高效在线协作

在日常工作中，有时候会遇到一个表格需要多个人提供信息的情况。如果每
个人都分开录入信息，再收集录入汇总，这样会降低工作效率。WPS Office 所提
供的协同编辑功能则解决了这个问题，可以多人实时在线查看和编辑一个文档，
多人同时在线修改。

10.6.1 使用协作模式编辑文档

多人实时协作编辑，计
算机版和手机版都可以进行
操作。下面通过对"人数统
计表 .et"文件的操作，介绍 WPS Office
的多人实时协作编辑的功能。

本节素材结果文件
素材 \ch10\ 人数统计表 .et
结果 \ch10\ 人数统计表 .et

1. 计算机版 WPS Office 多人实时协作编辑

计算机版 WPS Office 进行多人实
时协作编辑，具体操作步骤如下。

步骤1 打开素材文件"人数统计表 .et"，
表格状态为一般编辑模式，如下图所示。

步骤2 单击【特色功能】→【协作】按钮。

步骤3 打开【应用中心】对话框，单击
【在线协作】按钮。

文档会变为在线协同编辑模式，如下图所示。

步骤4 在表格文件右上角单击【分享】按钮。

步骤5 弹出【分享】对话框，选择一种分享方式，这里选择【任何人可编辑】选项，单击【创建并分享】按钮。

步骤6 即可看到创建的分享链接，单击【复制链接】按钮，复制链接后，将链接发送给要参与编辑文档的人员。

步骤7 对方收到链接后，若同意参与编辑，单击【确认加入】按钮。

可以看到所邀请的人员已经显示在右上角参与协同编辑的列表中。单击头像可显示每个人员的状态，且单击头像可以对其编辑位置定位查看。

提示

邀请好友参与编辑，都必须待对方同意邀请后，才能加入到文档编辑中。协作文档创建者可随时对协同编辑参与人进行权限设定（可编辑、可查看和移除）。

步骤 8 如果要设置协同编辑人员可编辑的区域，可单击【协作】→【区域权限】按钮，如下图所示。

步骤 9 打开【区域权限】对话框，单击【编辑】按钮。

步骤 10 选择 D4:D9 单元格区域为可编辑的区域，选择完成，在其他位置单击，完成设置区域权限的操作。

步骤 11 在进行文件编辑时，可以实时看到每个协同编辑人员编辑的位置和内容，完成表格编辑后，保存文件，上传至云文档即可。

	序号	部门	人数	备注
	1	办公室	6	
	2	销售部	20	
	3	研发部	15	
	4	人力资源部	8	
	5	财务部	9	
	6	技术部	15	
		合计	73	

2. 手机版 WPS Office 多人实时协作编辑

对于手机版 WPS Office 多人实时协作编辑，具体操作步骤如下。

步骤 1 打开手机版 WPS Office 软件，登录 WPS 账号后，打开【首页】，查找需要进行操作的文件。选中文件"人数统计表"，点击文件最右边的"…"图标。

步骤 2 手机界面下方立即弹出选择框，点击【多人编辑】选项。

步骤3 进入【多人编辑】页面，根据使用需要，在页面下方的 QQ、微信、联系人和复制链接 4 种方式中任选一种方式，来邀请好友参与文档编辑。本案例选择【联系人】添加协作者，如下图所示。

步骤5 返回【多人编辑】页面，若邀请人同意参与编辑，即可看到所邀请的人员已经在下方列出。选择文件右边的【进入多人编辑】选项。

步骤4 进入联系人列表进行选择，勾选所需要的协作者后，点击【确定】按钮。

提示

> 　　同计算机版 WPS Office 操作相同，邀请好友参与编辑，都必须待对方同意邀请后，才能加入到文档编辑中。

　　即可进入文档在线协同编辑模式，进行文档编辑操作和计算机版 WPS Office 操作一致。

提示

> 　　微信小程序的【金山文档】对多人实时协作编辑操作与手机版 WPS Office 操作基本一致。

10.6.2 创建与管理共享文件夹

　　创建共享文件夹不仅方便文件管理，还可以邀请成员实现文件共享，每个成员都可以上传文件到文件夹内。共享文件夹中的内容还可以自定义权限设置，让文件共享更安全。

1. 创建共享文件夹并发出邀请

　　创建共享文件夹有两种方法，一种是使用【新建】功能，另一种是使用【共享】功能。

　　（1）使用【新建】功能创建共享文件夹

步骤 1 在 WPS Office 首页单击【新建】按钮，在【新建】选项卡下选择【共享文件夹】选项，单击【新建共享文件夹】下的【共享文件夹】按钮，如下图所示。

提示

> 　　如果要使用模板新建共享文件夹，可以在【试试从模板新建】区域选择文件夹类型。

步骤 2 弹出【创建共享文件夹】对话框，输入共享文件夹的名称，单击【立即创建】按钮，如下图所示。

步骤3 完成"销售部门共享文件"文件夹的创建，单击【邀请成员】按钮，如下图所示。

步骤4 弹出【销售部门共享文件】对话框，单击【复制链接】按钮，并将链接发送给要加入共享文件夹的成员，对方接受邀请后，即可加入共享文件夹。

（2）使用【共享】功能创建共享文件夹

步骤1 在 WPS Office 首页单击【文档】→【共享】按钮，如下图所示。

步骤2 在右侧单击【新建共享文件夹】按钮，如下图所示。

步骤3 弹出【新建共享文件夹】对话框，输入共享文件夹的名称，单击【创建并邀请】按钮，如下图所示。

步骤4 完成"财务部门共享文件"文件夹的创建，单击【邀请成员】按钮，如下图所示。

步骤5 弹出【财务部门共享文件】对话框，单击【复制链接】按钮，并将链接发送给要加入共享文件夹的成员，对方接受邀请后，即可加入共享文件夹。

2. 管理共享文件夹

　　管理共享文件夹包括新建文件 / 文件夹、上传文件 / 文件夹、成员管理、邀请设置、下载全部及取消共享等。

　　（1）新建文件 / 文件夹

　　进入共享文件夹后，单击共享文件夹名称后的【新建】按钮，在弹出的下拉列表中可以选择新建文件或文件夹。

　　（2）上传文件 / 文件夹

　　单击共享文件夹名称后的【新建】按钮，在弹出的下拉列表中选择【上传文件】或【上传文件夹】选项，即可选择文件或文件夹并上传，也可以单击共享文件夹中的【上传文件】或【上传文件夹】按钮。

　　（3）成员管理

　　在共享文件夹最右侧，单击【成员管理】按钮，在打开的对话框中可以邀请成员、设置成员的权限及删除成员等。

（4）邀请设置

在共享文件夹最右侧，单击【邀请设置】按钮，在打开的对话框中可以设置加入时需要管理员审核、成员加入后仅允许查看及邀请链接有效期等。

（5）下载全部

单击【下载全部】按钮，可下载文件夹内的所有文档。

（6）取消共享

单击【取消共享】按钮，可取消共享文件夹的共享，并删除该共享文件夹。

10.6.3 同步更新多人编辑后的文档

多人协作编辑的文档，在打开文档后，如果有其他人员正在编辑，在文档窗口右上角可以看到"协作中"的提示，如下图所示。此时仅可以查看文档，但不能对文档进行修改。

如果对方编辑完成，WPS Office 会自动检查版本是否有更新，如有更新，则会自动更新版本，也可以单击【立即更新】按钮更新为最新版本。

如果在对方编辑过程中，需要查

看对方更新的内容，可以将鼠标指针放在文档标题栏上，单击【检查更新】按钮，同步更新协作编辑的文档。

10.7 让重要日程一件不落——日程管理

现代生活节奏不断加快，使得工作和生活中要处理的事情不断增加，除了要求我们不断提高工作效率以外，似乎对我们的记忆力也有很大的挑战。

除了工作上的重要事件需要设定提醒以外，生活中偶尔也会有一些重要时刻需要我们牢记，WPS Office 的【日历】功能，除了可以查看日期以外，还可以在里面添加日程事件和待办事件，使重要的事情不会被轻易遗忘。

1. 创建日程

 打开 WPS Office，在首页单击【日历】按钮，如下图所示。

 进入【日历】界面，选择要添加日程的日期，然后单击日期右上角的【＋】按钮。

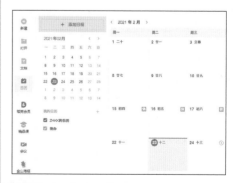

步骤3 进入【日程】界面，设置日程名称、进行时间、提醒时间、地点等信息后，单击【新建日程】按钮，如下页图所示。

提示

> 如果该日程预计时间为一天，可以直接选择【全天】复选框，就不需要另外设置开始与结束的时间了。

步骤4 完成设置后，回到【日历】界面，即可看到设置的日程，如下图所示。

步骤2 进入【待办】界面，设置待办名称、时间、提醒时间、备注等信息后，单击【新建待办】按钮，如下图所示。

2. 创建待办事件

步骤1 打开 WPS Office，在首页单击【日历】按钮，进入【日历】界面，选择要添加待办事项的日期，然后单击右上角的【＋】按钮。

步骤3 返回【日历】界面，即可看到创建的待办事项，并且会在设置的提醒时间发出提醒，如下图所示。

10.8 远程"面对面"沟通——金山会议

为了提升办公效率，如何保持团队及时高效沟通便成为关键。采用视频等沟通方式，将轻松实现同事之间的"面对面"交流，沟通效率更高。使用 WPS Office 的会议功能可以召开视频会议，提高沟通效率。

1. 发起视频会议

步骤1 打开 WPS Office，在首页单击【会议】按钮，如下图所示。

步骤2 进入【金山会议】界面，单击【发起会议】按钮。

步骤3 完成会议发起，单击底部的【邀请】按钮，如下图所示。

步骤4 弹出【邀请成员】对话框，单击【复制邀请信息】按钮，如下图所示。将复制的邀请信息发送给其他用户，完成创建会议并发出邀请的操作。

2. 加入会议

步骤1 手机用户可以用【金山会议】扫描二维码加入会议,如果是计算机用户,可以打开 WPS Office,在首页单击【会议】按钮,进入【金山会议】界面,单击【加入会议】按钮。

步骤2 打开【加入会议】对话框,输入加入码,单击【确定】按钮,如下图所示,即可加入会议。

步骤3 待全部成员加入会议后,即可开始召开视频会议,如下图所示。

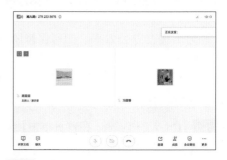

步骤4 如果要结束会议,单击底部的【结束会议】按钮,选择【全员结束会议】选项,如下图所示。